CONTENTS

들어가며

식재 디자인은 매혹적인 것이지만 마음이 약한 사람에게는 적합하지 않습니다. 나는 종종 그것을 정원 디자인의 '일시적 장식품' 으로 학생들에게 설명합니다. 폄하하려는 시도가 아니라 어떤 기준으로 보아도 시간이 많이 걸리는 작업에서 오는 고뇌와 기쁨을 대비하기 위한 것입니다.

당신에게 주의를 주고 시작하려 합니다!

나는 식재 디자인 프로세스를 해결하고 우리 모두가 보다 낫고 오래 지속되는 결과를 달성하는 데 확실히 도움이 되는 가이드라인을 제공하기로 결정한 Jill과 Pamela에게 깊은 존경을 표합니다. 토양산도, 토양유형, 배수, 그늘, 노출 등에 대한 이해와 같이 적절하게 심는 데 도움이 되는 많은 제한요소들이 있는 것이 사실입니다. 그러나 이러한 사항들은 빙산의 일각에 불과합니다. 식물의 종류는 방대하고 성공적인 조합과 조화를 만드는 데 사용할 수 있는 변수는 거의 무한하기 때문입니다. - 여기에서 머리를 긁적이며 긴 질문들이 시작됩니다.

꽃, 과일, 잎 또는 줄기를 통해 전달되는 색상은 계절과 함께 주요 관심사입니다. 색상은 언제 변하며 나머지 선택 항목과 어떻게 작동합니까? 잎사귀의 질감과 크기나 규모 또는 줄기와 가지의 패턴은 어떻습니까? 식재 높이와 밀도는 어떤 식으로든 구조화되어야 하며, 아마도 차폐 공간이나 밀폐된 공간이 될 수도 있을 것입니다. 이를 위해서는 신중한 3차원적 사고가 필요합니다. 식물은 생태학적으로 공존할 수 있습니까? 그들은 공격적인 자가파종자입니까 아니면 말 그대로 줄어들고 있는 제비꽃입니까?

선택지가 너무 많을 뿐 아니라, 좋아하는 참고서나 카탈로그를 훑어보면 정원사, 디자이너 및 식물 애호가가 쟁기질하면서 얻은 수 많은 내용이 단순히 길어질 수 있습니다. 다른 사람들에게 조언이나 생각을 구하는 것은 알고 싶은 질문들과 상관없는 내용을 알려줄 수 있어 단순히 듣는 고통을 늘릴 수 있습니다.

종종 정원과 식재 디자인의 본고장으로 여겨지는 영국은 온화한 기후로 다양한 종들이 비교적 잘 자랍니다. 이것은 한편으로 정원에서 엄청난 다양성을 나타내는 전 세계에서 수집된 식물의 오랜 역사와 연결되고, 다른 한편으로는 압도적인 복잡성과 결합됩니다. 디자인은 일관성과 한결성, 어떤 식으로든 통일성, 구조 및 질서를 찾는 것입니다.

그래서 뭘 해야 하나요?

글쎄요, 우선 명확한 접근이 필수적입니다. 우리 정원과 풍경이 그대로 남아있는 멋진 옵션을 꿈꾸며 며칠 동안 앉아있을 수 있습니다. 아예 심지 않는 것보다 해서 실수를 하는 것이 훨씬 낫습니다. 무엇을 위해 심는가? 어디에 위치할 것인가? 우리는 그것이 무엇을 하기를 원합니까? 언제가 가장 멋질까요? 묘목은 얼마나 자라야합니까? 이것은 식물 목록을 살펴보기 전에 우리가 만들고 답할 수 있는 질문 중 일부일 뿐입니다. 이러한 철저한 준비는 우리가 변덕스럽게 식물들을 사용하는 것을 방지하는데, 이는 카탈로그에서 멋진 총천연색으로 식물이 눈에 띄면 갑자기 마음이 이끌리기 때문입니다.

Surrey에 있는 집의 메인 테라스를 따라 있는 긴 테두리의 일부입니다. 식재는 강river이 다른 특성을 가질 수 있는 것과 같이, 다양한 형태로 움직임의 생동감을 줄 수 있도록 설계되었습니다.

디자인 프로세스에 대한 순서나 구조의 수행은 우리가 무엇을 찾을지, 그것을 찾는데 도움이 됩니다. 후보 목록이 제공되면 식물을 그룹화하고 조합으로 구성

PLANTING DESIGN ESSENTIALS

정원식물과 식재디자인

질 앤더슨 · 파멜라 존슨 공저

주진희 역자

문운당

하고 분류할 수 있습니다. 이러한 점에서 지난 10여 년 동안 식물 그룹이나 매스의 규모가 커짐에 따라 많은 변화가 있었습니다.

Piet Oudolf, Tom Stuart Smith 및 Dan Person과 같은 디자이너가 수십 또는 수백 개의 식물을 사용하면서 주안점이 바뀌었습니다. 기껏해야 3개 또는 5개의 종 그룹이 있는 오래된 식물 수집 사고방식은 더 큰 그룹을 통해 바뀌고, 더 강한 색상과 더 뚜렷한 질감을 제공합니다. 이 큰 그룹은 산들 바람에 움직여 소규모 정원에서도 보다 역동적인 그림을 만들고 풀의 투명도는 나무가 제공 할 수 없는 빛나는 풍경을 허락합니다.

마침내 우리는 식재 팔레트가 단순화되는 것을 볼 수 있지만, 디자인의 기호가 변화될수록 식재 디자인에 변동폭을 넓혀 식재에 주는 영향이 커집니다. -그리고 오랫동안 그렇게 흔들릴 수 있습니다. 그렇다고 그것만을 말하는 게 아닙니다.

다음 페이지에서는 이러한 주제를 확장하여 계획 및 디자인 사고의 초기 단계에서 도출할 수 있는 계획 단계인 주문, 식재 및 이어지는 유지관리에 이르기까지 식재 디자인 프로세스로 당신을 유도하고 이끌어 줄 겁니다. 그 모든 복잡함과 좌절감에도 불구하고 식재 디자인은 여전히 엄청난 즐거움이자 항상 끌리는 분야 중 하나입니다. 그러한 열정은 이 책에서 분명히 드러납니다. 그러니 계속 읽고 매료될 준비를 하십시오.

앤드류 윌슨
평가 및 심사위원, RHS 쇼 가든 디렉터, 런던 정원
디자인 대학 작가이자 정원 디자이너

Surrey에 있는 집의 메인 테라스를 따라 있는 긴 테두리의 일부입니다. 식재는 강river**이 서로 다른 특성을 가질 수 있는 것과 같이, 다양한 형태로 움직임의 생동감을 줄 수 있도록 설계되었습니다.**

서언 Introduction

모양과 색상의 매력적인 구성

정원 가꾸기는 즐거움의 놀라운 원천이기 때문에 많은 사람들에게 다가갈 수 있다. 우리는 아름다운 정원이 시간을 보내는 즐거움의 장소라는 것을 알고 있다. 정원은 소유자의 취향과 위치의 특성이 반영되어 자신만의 개성과 분위기를 가지고 있다. 현대에 우리는 운좋게도 다양한 식물을 마음대로 사용할 수 있다.

OPPOSITE PAGE: 이른 아침 햇살에 빛나는 색상

이러한 혜택은 위험을 무릅쓰고 해외에서 흥미로운 식물을 가져온 식물 사냥꾼뿐만 아니라, 선택의 폭을 넓히고 놀라운 특성을 가진 새로운 식물 품종을 키우는 현대 식물 육종가들도 있다. 그러나 이와 같이 엄청나게 다양한 식물 중에서 선택하는 것은 어려울 수 있다. 우리는 정원의 실제 조건과 같은 수많은 요소를 고려해야 한다. 토양의 종류, 태양, 그늘 및 일반적인 기상 조건뿐만 아니라 스타

일과 색상에 대한 개인의 선호도 등이다. 그렇다면 잘 클 수 있는 식물들은 어떻게 선택해야 할까? 잘 자랄 뿐만 아니라 같이 심기에도 좋은 동반식물은 어떤 것들이 있을까? 지속 가능한 방식으로 정원을 가꾸고 자연을 거스르지 않고 함께 하려면 어떻게 해야 할까?

식재 계획

아마도 당신은 당신의 정원에 심는 대부분의 식물에 상대적으로 만족하지만, 어떤 식물이든 키우기 어려운 몇 가지 문제들이 있다. 식물을 조합함에 있어 일부는 다소 밋밋하고 단조로워 보일 수 있으며 새로운 아이디어가 필요할 수 있다. 한편으로는 식재를 개선하고 아이디어와 명확한 방향을 찾고 있는 측면에서 의욕을 완전히 상실할 수 있다.

이 모든 딜레마에 대한 해답은 정원에 완벽하게 잘 맞고, 기존 식물과 잘 사는 식물 목록들로 잘 고려된 식재 계획이다. 계획을 엮는 과정은 다음 장에서 간단한 단계로 설명되어 있으므로 일단 원칙을 이해하면 프로세스를 다양한 상황에 적용할 수 있다. 식재 계획의 목표는 많은 정원사들이 정원을 제대로 볼 수 없음으로 인해 직면하는 좌절감을 피하는 것이다. 정원에 대한 간단한 스케치 도면은 변경 사항에 대한 아이디어에 집중하는 데 도움이 되며, 최종 계획에 확신을 가질 때까지 다양한 아이디어를 시도하고 끝없이 조정할 수 있다.

가든센타Garden center의 식물전시는 매우 매력적일 수 있으며 우리 모두는 즉흥적으로 그 자리에서 구매하고 싶은 유혹을 받는다. 집으로 돌아가서 우리는 식물을 둘 곳을 결정하려고 정원을 돌아다닌다.

최종 결정은 일반적으로 식물이 자라기에 적합한 위치보다는 우선 심을 공간을 기준으로 한다. 결과적으로 식물은 생존할 수도 있고, 그렇지 않을 수도 있다. 또한 너무 커지거나 색상이 안 맞을 수 있다. 식재에 대한 이러한 접근 방식은 필연적으로 시간이 지남에 따라 무작위로 구입한 식물 컬렉션을 구성함으로써 정원이 산만한 모습을 갖게 한다.

물론 식물에 대한 약간의 시행착오는 정원의 재미 중 하나이다.

정원 디자이너는 고객의 정원에서 믿고 사용할 수 있도록 종종 자신의 정원에서 새로운 식물을 시험하여 어떻게 자라는 지 확인한다. 대부분의 정원사는 새로운 식물을 구입하는 것을 좋아하며 흥미롭고 저렴한 식물을 구입할 가치가 있다는 것에 의심의 여지가 없지만, 정원의 전반적인 성공적인 식재를 위해서는 계획된 식재 목록을 고수함으로써 나중에 실망하지 않는 것이 좋다.

다양성, 색상 그리고 질감의 완벽한 조합

만일 유혹을 뿌리칠 수 없다면, 새로운 식물을 구입하기 전에 적어도 새로운 식물에 대한 몇 가지 세부 정보를 찾아 정원 환경에서 적합한지 확인하는 것이 좋다.

당신은 깔끔한 정형식 식재가 딱 맞는 작은 도시 또는 화려하고 다양한 식물을 선택할 수 있는 충분한 공간이 있는 드넓은 시골 정원을 가질 수 있다. 자신만의 식재 계획을 세우면 자신과 정원 모두에 적합한 식물을 찾는 데 도움이 된다. 이러한 접근법을 사용하는 전체 과정은, 모든 것을 본인 마음대로 조절할 수 있기 때문에 즐거울 뿐만 아니라 궁극적으로 당신에게 큰 기쁨을 가져다 줄 수 있고 식물들이 잘 어울리는 정원을 갖게 될 것이다. 또한 정원에 적합한 식물만 구입하기 때문에 장기적으로 볼 때 확실하게 비용을 절약할 수 있다. 식재 계획의 실행은 자신의 속도대로 수행할 수 있으며, 할 일이 많은 경우 편리한 단계에서 이행할 수 있다. 우리가 지향하는 목표는 아름다울 뿐만 아니라 실용적이며 함께 보내는 시간을 통해 완성되고 아름다운 풍경을 이루는 정원이다.

정원을 디자인 하기

식재 디자인은 모양, 색상 및 질감이 함께 어우러져 서로를 돋보이게 하고, 식재할 장소와 풍경에 적합한 식물들의 구성으로 설명될 수 있다. 디자인은 모양, 색상, 계절성 및 구조의 모든 속성이 함께 짜여져 전체를 멋지게 만들고 정원이 부분의 합, 그 이상

깔끔하고 편안한 느낌의 식재

이 될 때 가장 성공적이다. 그러나 장기적으로 진정한 성공을 위해서는 식물이 어떻게 자라는지, 왜 특정 조건에서 잘 자라는지 이해하는 것도 중요하다. 디자인의 미학과 원예의 실용적인 주제가 책 전반에 걸쳐 논의될 것이다.

식재 계획을 세울 때 이해하고 고려해야 할 여러 요소가 있다. 예를 들면 다음과 같다.

- 토양과 식물의 호환성
- 방향 - 심는 장소가 양지 또는 음지
- 개인적인 취향 - 좋아하는 식물과 좋아하지 않는 식물
- 주변 풍경 - 심고자 하는 식물과 주변 풍경과의 조화(이것은 나무를 심을 때 특히 중요하다)
- 집 스타일
- 정원 용도(아이들이 축구를 하는 곳 옆에 연약한 식물을 심지 않음)
- 기후 조건(내륙이 아닌 해안 근처 또는 전국적으로 크게 다름)
- 색상 - 매 계절마다 원하는 색상
- 식물의 모양 - 대조와 흥미를 제공하기 위해 함께 심는 식물들의 모양
- 계절감 - 일년 중 또는 일년 내내 개인적으로 좋아하는 풍경 또는 관심

식재 계획을 설계하고 구성하는 것은 시작에 불과하다. 식물은 원래 계획과 다른 예상치 못한 모습으로 생장과 생육할 수도 있다. 식재 계획은 시간이 지남에 따라 모니터링하고 조정해야 하는 지속적인 프로세스이다. 자질구레한 일이 아니라 나만의 고유한 공간을 갖는 데 큰 기쁨이 있다. 이는 정원 가꾸기를 흥미롭게 만드는 것이다. 계절을 통해 지속적으로 모니터링하면 다른 사람이 하지 않는 방식으로 정원을 알 수 있다. 최상의 결과는 특히 봄과 초여름의 빠른 성장 기간 동안 식물에게 거의 신경을 쓰지 않는 것이다. 초반의 구상이 실현되기 위해서는 디자인이 완성됨에 따라 필요한 실용적인 지식과 기술이 있다면 도움이 될 것이다.

다음 페이지에 설명된 기본 정보는 다음과 같은 정원 관리에 도움이 된다.

- 식물의 최종 크기
- 다른 조건에서의 성장 속도 및 관리 방법
- 모양, 생육 및 생산성을 유지하기 위해 필요한 전정 유형
- 기본적인 해충과 질병이 식물에 큰 피해를 주기 전에 인식하는 방법

정원이 있어야 되는 이유

기록된 역사 전반에 걸쳐 정원이 필요했는데, 처음에는 단순히 식량을 재배하고 쉼터를 제공하기 위한 가장 기본적인 필요를 충족시키기 위한 장소였다.

기원전 1,400년에 이집트에서 최초의 정원이 만들어졌다는 증거가 있으며, 중국, 그리스, 로마 모두 정원에 큰 중요성을 두었다는 것을 알고 있다.

고혹적인 분홍색 장미

높은 화단Bed에서 자라는 야채

루Rue, 세이지sage 및 월계수laurel와 같은 식물은 중세 시대에 수도원 정원에서 재배되어 약초요법을 기본적인 의술로 제공했다.

대청woad과 카모마일chamomile도 재배되어 양모와 천을 염색하는 데 사용되었으며, 공기를 개선하기 위해 바닥 위에 놓고 키운 '뿌리 식물strew plants'도 재배되었다. 우리 조상들은 정원이 실용적일 뿐만 아니라 즐거움, 평화, 사색을 위한 장소, 때론 우리의 창의성과 보살핌의 본능을 표현하는 장소가 될 수 있다는 것을 깨달았다.

수년에 걸쳐 정원은 우리의 사회적 요구와 함께 변화하고 발전했다. 2차 세계 대전 중에 '승리를 위한 재배' 캠페인으로 사람들이 가족을 위해 음식을 제공하는 데 있어 진정한 필수품이 되면서 정원은 실용적인 장소가 되었다. 전쟁 후 몇 년 동안 식량은 더 저렴해짐에 따라, 정원은 점차 식량 재배 장소로서의 중요성이 줄어들고 여가 시간을 위한 공간으로 발전했다.

내병성 장미 품종과 같은 새로운 종의 도입은 또한 정원사가 관상용 식물 재배에 더 많은 관심을 갖도록 장려했으며, 정돈된 잔디밭과 장미 화단이 더욱 유행하게 되었다.

정원에 대한 관심 증가

오늘날 우리는 이전 세대에 비해 취미로 보낼 수 있는 여가 시간이 더 많아졌으며, 여러 요인들이 모여 오늘날 정원 가꾸기와 정원을 더욱 소중하게 만들었다. 많은 사람들이 여가 시간에 정원을 방문하는 것을 좋아하며 네셔널트러스트National Trust 자산, 왕립원

예협회Royal Horticultural Society정원 및 RHS 플라워쇼, 또는 잉글랜드의 비영리단체 National Garden Scheme (1927년부터 자선 단체를 위해 지정된 날짜에 개인 소유의 정원을 개방)에 의해 개방되는 좀 더 일반적인 정원과 같이 폭 넓게 선택할 수 있는 것들이 정말 많아졌다.

이러한 기회는 우리가 익숙하지 않은 다양한 식물 종류와 품종들과 같은 우리가 개인적으로 선호하지 않는 식물 조합에 대한 새로운 인식으로 바뀌게 한다.

가든센터Garden center의 수가 급격히 증가하고 플라스틱 화분에 식물을 판매하는 기술이 개발됨에 따라 일년 내내 구입하고 심을 수 있게 되면서(실제로는 권장되지 않음에도 불구하고), 활용성에 획기적인 변화가 일어났다. 심을 수 있는 다양한 종류의 식물이 있으며, 매년 새로운 품종이 도입되고 해외에서 다양한 유형의 식물을 구할 수 있다. 텔레비전의 원예 프로그램, 다양한 원예 잡지, 웹 사이트 및 블로그에서는 어떤 식물을 재배하고 관리하는 방법에 대한 계절별 요령과 정보를 제공한다. 정원과 식물에 대한 우리의 관심은 버튼 하나만 누르면 필요한 모든 정보를 얻을 수 있으므로 더욱 높아지게 된다.

지역 환경이 거주자의 분위기와 전반적인 웰빙에 중요한 역할을 한다는 인식이 커지면서 정원에 대한 관심이 더욱 높아졌다. 삶의 빠른 속도를 감안할 때, 우리 중 많은 사람들이 정원을 일상탈출을 위한 평온한 장소로, 또는 사용하거나 단순히 여가 시간을 보낼 수 있는 개인 녹지공간으로 사용한다. 정원은 우리에게 신선한 공기와 운동의 기회를 제공한다. 단지 어슬렁거리는 것 자체가 치료이며, 만성 질환이나 정신 건강 문제가 있는 사람들에게 특히 유익하다. 의사들은 심지어 나무와 녹지공간이 내려다보이는 병원 병동의 환자들이 더 적은 진통제를 필요로 한다고 보고했다.

정원은 우리 스스로가 퇴비 만들기, 현명한 물 사용, 너무 많은 자원을 사용하지 않고도 잠재력을 최대한 발휘할 적절한 식물 선택과 같은 간단한 정원 기술을 활용함으로써, 폐기물과 탄소 배출량을 줄일 수 있는 기회를 제공한다. 정원 토양에 무료로 영양분을 공급하는 것뿐만 아니라, 1년 동안 집에서 퇴비를 생산하면 증기에서 1년 동안 배출하는 CO_2와 동일한 양의 지구 온난화 가스를 절감할 수 있으며, 또한 불필요한 폐기물을 매립지로 보내지 않아도 된다.

주목 울타리로 둘러싸인 은빛 자작나무 초원

정원 디자인이 중요한 이유

정원은 다기능적이며 우리의 다양한 요구에 맞게 만들어 갈 수 있다. 그것은 관상용 식물, 허브, 과일 및 채소를 재배할 수 있는 야외 공간, 어린이들이 놀고 탐험할 수 있는 안전하고 흥미로운 장소, 친구와 가족을 즐겁게 할 수 있는 곳 등을 제공한다. 정원은 금융적 자산이 될 수도 있다. 이러한 것들이 모두 우리에게 정원을 가꾸도록 동기를 부여하는 것은 아니지만, 정원이 잘 조성된다면, 투자한 모든 시간과 돈이 집에 가치를 더할 수 있다는 것을 아는 것은 좋은 일이다.

사람들이 야외에서 더 많은 여가 시간을 보내기 때문에 정원은 야외 공간으로 생각한다. 그것은 아마도 집안의 어떤 방보다 커서, 가능한 한 효율적으로 쓰임새를 높이는 것이 합리적이다. 야외 오븐 및 화덕과 같은 다양한 정원 부속물들은 열을 제공하여 저녁에 쌀쌀해질 때 실내로 들어가지 않고 야외에서 식사할 수 있도록 한다. 다양한 형태의 야외 조명은 저녁에 밖에 나가거나 긴 겨울 저녁에 실내에서 정원을 즐길 수 있는 기회를 제공한다.

일반적으로 실내 디자인에 대한 관심이 증가하고 있으며, 이는 개성을 반영하거나 삶을 더 편안하게 만들기 위해 집을 꾸미고 가구를 들이는 데 시간과 돈을 쓰고자 하는 욕구로 반영된다. 생활 방식의 이러한 변화는 우리 주변의 모습이 어떻게 보여질지에 대한 기대치를 높이고 있으며, 여기에는 정원도 포함된다.

이 책은 식재 디자인을 이해하기 쉽게 작성되었다. 각 장은 간단하고 체계적인 순서로 전체 프로세스를 안내한다. 현장에 적합한 기준을 사용하여 당신과 해당 장소에 잘 맞는 식물을 자신있게 선택하는 방법을 설명한다. 우리는 정원 디자인의 기본 원리와 식재를 위한 올바른 기술, 그리고 마지막으로 정원이 아름답게 성숙하도록 식물을 관리하는 방법을 설명한다.

Jill Anderson
www. Andersonlandscapedesign.co.uk
Pamela Johnson
www.pamelajohnson.co.uk

따뜻한 색상은 활력을 주고 기분을 고양시킨다.

01 계획 단계

규모 계획하기, 기존 정원 분석, 브리핑 작성, 법적 제약, 정원 디자인의 기본 원칙

정원은 바쁜 하루를 마치고 긴장을 풀 수 있는 녹지 공간을, 아이들이 놀고 탐험할 수 있는 편안한 장소를 제공하는 중요한 장소이다. 당신이 가지고 있는 야외 공간의 유형이 무엇이든, 그것을 최대한 활용하는 것이 합리적이다.

식물은 모든 정원의 중요한 요소이며 가장 어려울 수도 있다. 식물은 우리가 원하는 대로 움직여 주지는 않는다. 식물들을 잘 조합하려면 식물이 자라는 방법과 선호하는 환경에 대한 지식이 필요하다. 변수에 대한 초기 접근 방식은 그 정원을 얼마나 잘 알고 있는지에 따라 달라진다. 정원을 알아가는 데는 시간이 걸린다. 정원은 계절에 따라 변하는 역동적인 공간이며, 일년 내내 다르게 보이고 심지어 매일 바뀌기도 한다.

새로운 정원을 계획하다

새로운 정원을 가꾸었다면 익숙해지기 전까지 또는 시간을 들여 그것을 잘 알기까지 바꾸려는 마음을 내려 놓는 것이 좋다. 토양은 어떠한지, 찬 바람에 노출되는 지역이 어디인지, 봄 아침에 가장 햇볕이 잘 드는 곳이 어디인지, 계절에 따라 빛이 어떻게 변하는지, 저녁 태양에 의해 역광을 받을 때 빛을 발할 관상용 잔디를 심기에 가장 좋은 장소가 어디인지 아는 것도 중요하다.

겨울은 무엇을 심을지 계획을 세우거나 정원의 기본 구조를 변경하기에 이상적인 시기이다.

OPPOSITE PAGE: 숙근양귀비 *Papaver orientalis* **'Beauty of Livermere'의 새벽빛**

빨간 양귀비와 관상용 벼과식물

선택한 몇 가지 초본식물과 봄 구근이 이미 자리잡아 다음 해에 돋아나기를 기다리고 있을 수 있으므로 모든 땅파기는 신중하게 수행되어야 한다. 휴면하는 식물이 보이기 시작하는 늦겨울까지 기다리면 그 식물들이 정원 어디에 있는지 정확히 볼 수 있고 어떤 식물이 있는지 정확히 식별할 수 있다. 봄과 여름은 정원을 깔끔하게 정리하고 잡초, 특히 쐐기풀nettles과 메꽃bind-weed과 같은 질긴 다년생 식물을 제거하는 데 보낼 수 있다. 완전히 제거하려면 여러 번 시도해야 하지만 새 식물을 심기 전에 무조건 제거해야 한다.

붓꽃*Iris reticulata*의 이른 개화는 봄의 시작을 알린다.

그 식물들은 물과 영양분을 놓고 주변 식물들과 경쟁할 것이고, 잘 자리 잡았기 때문에 제대로 자랄 가능성이 더 커질 수 있다. 봄은 토양을 정비하고 파종을 준비하기에 일년 중 가장 좋은 시기이다(8장 참조). 빠른 완성을 원한다면, 불만족스러울 수 있으므로 이 기간 동안 매력적인 용기에 계절 식물을 심는 걸 대신으로 새로운 식물에 대한 욕구를 채우기 바란다.

익숙한 정원을 바꾸다

한 동안 정원을 가꾸었다면 정원의 상태, 토양 유형, 계절 변화에 대해 알 수 있다는 이점이 있다. 그러나 때로는 불만이 서서히 스며들 수 있으며 식물이 자라지 않는 문제 장소가 있을 수 있다. 정원이 당신이 바라는 대로 보이지 않을 수도 있고, 식물을 함께 조합하는 것이 완전히 성공적이지 않을 수도 있다. 여기에 있는 내용은 대부분 자신이 식재를 계획하는 정원사를 위한 것이지만, 전문적인 자격으로 정원을 계획하는 정원 디자이너 또는 정원 가꾸기 경험이 있는 사람들에게도 똑같이 적용된다. 디자이너는 자신의 능력을 통해 의뢰자의 요구사항을 해석하므로 대화를 통해 좋아하는 것, 싫어하는 것, 일반적인 취향 및 선호하는 스타일을 찾는 데 시간을 할애하는 것이 중요하다. 의뢰자의 주변 환경을 관찰하고 개인적인 취향이 무엇인지 파악하고 프로젝트에 대해 논의하면 많은 정보를 얻을 수 있다. 벽에 어떤 유형의 그림이 있는지, 선반에 있는 책의 종류가 무엇인지, 집을 장식하는 데 사용되는 색상을 기록하는 것이 유용하다. 이 모든 것이 귀중한 단서이다. 자신의 정원을 파악하고, 전체를 분석하고, 기존 식물을 식별하고, 모든 정보를 종합한 다음, 관련된 모든 당사자 간에 계획과 아이디어가 명확하게 전달되도록 의뢰자와 대화하는 등 공동의 노력이 필요하다.

정원 규모 계획의 장점

- 먼저 종이에 변경 사항을 작성하면 시간과 비용을 절약할 수 있다.
- 정원을 하나의 완전한 그림으로 보기: 모든 것이 연결되어 있는가?
- 식재의 다양한 사례를 보여주기 위해 계획서를 복사한다.
- 나중에 사용할 수 있도록 기록을 보관하고 변경 사항을 기록한다.
- 식물, 토양 유형, 그늘, 태양 등 모든 메모를 하나의 문서에 기록한다.
- 정원을 비례적으로 나누고 싶다면 계획이 있으면 더 쉽다.
- 가려야 할 장소나 액자에 넣을 것 같은 집의 전망을 보여준다.

축척도 그리기

첫 번째 단계는 정원을 있는 그대로 정확하게 그리는 것이다. 식재 계획을 할 때 변경하려는 공간이 크든 작든 축척에 맞게 그려진 간단한 스케치가 있으면 훨씬 더 쉬울 것이다. 변경 사항이 아주 사소하더라도, 이 정원 계획은 한 번에 전체 정원을 볼 수 있는 기회를 제공하고, 모든 식물을 위한 충분한 공간이 있는지 확인하고, 기존 틀 내에서 변경 사항이 어떻게 적용될지 확인할 수 있다.

집이 새롭거나 확장된 경우 건축가 또는 개발자로부터 기존 계획 도면을 얻을 수 있다. 확대하거나 축소한 경우 정확하지 않을 수 있으므로 계획 도면의 측정값을 정원의 한두 가지 특징들과 비교하여 정확한지 확인한다(정원이 매우 크면 전문 측량사에게 정원을 정확하게 계획 도면을 그리도록 의뢰하는 것이 더 쉬울 수 있다).

축척도 그리는 방법

정원의 모든 것을 한 장의 종이에 딱 맞도록 그래프 용지에 측정값을 축소할 수 있다. A4 모눈종이는 문방구에서 구할 수 있지만 화방에서 구입할 수 있는 더 큰 크기의 종이가 필요할 것이다.

1:50 축척에서 2cm는 1m를 나타내므로 10m 길이의 울타리는 종이에서 20cm로 측정되며 이는 일반 정원에 사용하기에 알맞다. 더 큰 정원이 있는 경우 1:100 축척을 사용할 수 있으며 20m는 20cm가 된다.

30m와 5m 두 줄자가 필요하다. 먼저 집의 윤곽선과 주변 경계를 측정하고 점차적으로 정원의 다른 모든 치수를 추가한다.

어디서 시작하나?

계획하려는 정원 부분에 인접한 집 벽을 측정하는 것으로 시작하라. 선택한 축척에 따라 그래프 용지에 그린다. 해가 뜨는 장소에 유의하라. 정원에 서 있을 때 해가 뒤에 있다면 북쪽 지점이 오른쪽에 있다. 계획 도면에 이것을 표시하여 낮 동안 정원의 햇볕이 잘 드는 부분과 그늘진 부분을 파악할 수 있다. 이것은 식물을 선택할 때 중요한 사실 중 하나가 될 것이다.

계획 도면에 주요 지형물 표기하는 방법

주요 지형지물은 삼각측량법을 사용하여 추가되는데, 이는 단순히 잔디밭 한가운데 고립된 나무와 같이 평면도에 정확하게 배치하기 어려운 지형지물의 위치를 정확하게 표시하는 방법이다. 세 번째 점인 나무는 집의 모서리와 같이 알려진 두 점과의 관계를 사용하여 위치를 지정한다. 이를 위해서는 모눈종이와 함께 콤파스와 스케일 자가 필요하다.

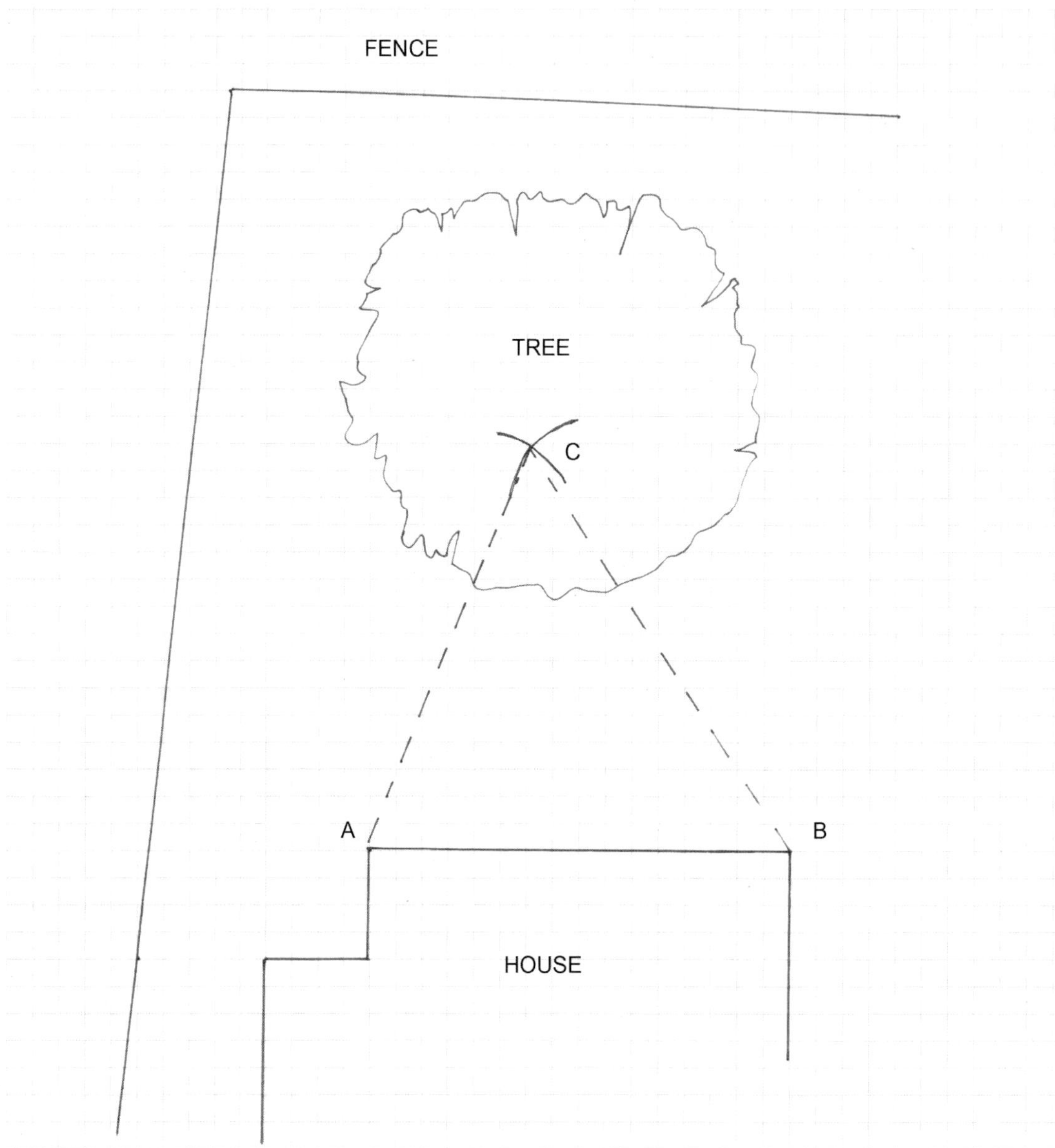

삼각 측량을 보여주는 정원 계획 도면

먼저 집 벽과 같은 두 개의 영구적 지형지물 사이에 기준선을 그린다. A는 한 모서리이고 B는 다른 모서리이다. A에서 나무(C)까지의 측정값을 적는다. B에서 나무(C)까지의 측정값을 적는다.

눈금자를 사용하여 기준선(A-B)을 그려 그래프 용지에 크기를 조정한다. 콤파스를 펴서 눈금자에서 길이 A-C를 측정한다. 콤파스의 가운데 침을 A에 놓고 호를 그린다. B-C에 대해 과정을 반복하고 B에 콤파스의 가운데 침을 배치하고 호를 그려 첫 번째 호를 교차시킨다. 두 호가 서로 교차하는 지점은 나무의 위치를 나타내는 지점 C이다.

이 방법은 가장자리의 모서리와 같이 정원의 다른 요소의 위치를 결정하는 데 사용할 수 있다.

식물, 나무 및 큰 식물들에 대해 이전에 작성한 초기 메모를 이제 평면도에 정확하게 표시할 수 있다.

기존 정원 분석

기존 장소에서 이미 어떤 식물이 자라고 있는지 정확히 파악한다. 이름을 분명하게 모르는 경우 크기와 상록 또는 낙엽 여부를 기록해 둔다.

다음으로 잘 자라는 식물과 잘 자라지 못하는 식물을 주의 깊게 살펴본다. 현재 장소에서 잘 모르는 낯선 식물은 무엇인가? 너무 크거나 모양이나 색상이 이상한 것일 수 있다. 확실히 유지하고 싶은 식물과 제거하고 싶은 식물을 포함하여 이러한 식물에 대한 모든 초기 생각을 적어 둔다.

계획 도면에 찬 바람, 햇볕이 잘 드는 곳과 그늘진 지역 또는 일년 내내 축축할 수 있는 저지대 점토 토양과 같은 정원의 조건을 기록한다. 정원에서 가려지는 이웃 건물의 전망이나 식재 틀로 고정된 아름다운 전망이 있을 수 있다.

요약문 작성

전문 디자이너들은 각 정원 프로젝트에 대한 결정을 내리는 프로세스를 개발했다. 그들은 의뢰자와 의뢰자의 정원에 적합한 식물을 선택하기 위해 정보를 수집하는 것으로 시작한다. 아이디어 목록들을 만들어내는 사고 과정이다. 고려해야 할 모든 제한점과 가능성을 명확히 하고, 정원을 개선할 수 있는 기회에 대해 생각하도록 용기를 북돋을 것이다. 최종 결과는 그동안 잘 생각했기 때문에 성공할 가능성이 더 크다.

정보 수집

정원 및 원예 쇼를 방문하면 식물과 식물을 어떻게 조합하는지에 대해 자세히 알아볼 수 있다. 당신이 보는 것을 기록하기 위해 노트북과 카메라를 가지고 간다.

좋은 디자인은 문제 영역(왼쪽)을 해결(오른쪽)로 바꾸는 데 사용될 수 있다. 이곳 축축한 진흙 토양의 저지대에 연못이 만들어졌다.

아이디어와 영감을 얻으려면 플라워 쇼를 방문하라.

당신이 좋아하는 식물의 종류, 당신의 눈을 사로잡는 색상 조합, 그리고 어떤 모양의 식물 대조가 당신에게 매력이 있는지에 대한 기록지를 작성하라. 잡지와 신문에서 좋아하는 식물과 정원 사진을 오려내라. 영감은 반드시 명백한 출처에서 비롯될 필요는 없다. 조각품, 건물 또는 가정용 직물 제품, 쿠션, 커튼 등에서 영감을 얻을 수도 있다. 이러한 모든 사진과 좋아하는 색상의 사례를 포함하거나 일반적으로 사용하지 않는 색상의 조합을 실험해 보아라.

당신은 상대적으로 지식이나 경험이 거의 없는 정원 초보자일 수도 있고, 이전에 이러한 순서로 접근한 적이 없는 현장 경험만 많은 정원사일 수도 있다. 아이디어가 발전하는 데는 시간이 걸리므로 인내심을 갖고 관련 정보를 최대한 많이 수집하고 자신의 판단을 신뢰하는 법을 배워라. 당신의 정원이 당신의 성격과 개성을 반영하는지 확인하라. 그것이 정원을 독특하게 만들 것이기 때문이다.

당신의 정원을 당신의 라이프스타일에 맞추다.

무엇보다 정원은 나와 가족의 생활 방식에 맞아야 한다. 얼마나 많은 여가 시간이 있는가? 이 단계에서 고려해야 할 가장 중요한 요소 중 하나는 정원 관리에 얼마나 많은 시간을 할애할 수 있는지이다. 일부 식물은 다른 식물보다 더 많은 유지 관리가 필요하다.

예를 들어, 초본식물은 개화를 유지하기 위해 정기적인 데드 헤딩dead-heading이 필요하고 3년마다 분주해야 하는 반면, 대부분의 상록관목은 정기적인 유지 관리가 거의 필요하지 않다. 관목과 관리가 덜 필요한 식물로만 채워진 정원은 계절에 따라 거의 변하지 않으며 정적이고 따분해 보일 수 있다. 저관리형 관목과 고관리형 식물의 비율은 주로 돌봐야 하는 시간에 따라 달라진다. 올바른 식물을 고르는 것은 행복하게 관리할 수 있는지 또는 관리할 수 없는지에 따라 정원이 달라질 수 있다. 정원의 크기와 가지고 있는 시간에

식재 2년 후 새로 조성된 가장자리

따라 다양한 종류의 식물을 조합하는 것이 가장 안정된 선택이며 일년 내내 다양성과 흥미를 이끌어낼 수 있다. 하지만 시간이 부족하다면 한 장소에 한 종의 식물만 심는 것이 현재 상황에서 가장 바람직한 방법이다. 키가 큰 관상용 벼과식물을 이런 식으로 사용하면 매우 효과적으로 보일 수 있다.

그 집에서 얼마나 오래 살 계획인가? 정원에 얼마만큼의 시간과 돈을 쓰고 싶은지 결정할 수 있다. 정원을 일시적인 것으로 생각한다면, 초본식물은 일반적으로 대부분의 관목보다 저렴하고 더 빨리 자라기 때문에 가장 좋은 선택일 수 있다.

이미 있는 기존 식물은 무엇인가? 기존의 대형 식물을 유지할 필요가 있는지 고민하라. 이것은 보다 지속 가능한 정원을 위한 방안이며 다 자란 크기는 경계의 높이와 폭을 좌지우지할 것이다.

방치되었지만 건강한 식물로 바꾸거나 새롭게 가지를 쳐서 활기찬 생기를 회복할 수 있다.

자신의 정원 사진을 보면 미처 눈치채지 못한 것들이 드러날 것이다. 더 큰 풍경에 주의가 산만해지지 않고 특정 공간에 초점을 맞추는 것은 좋은 방법이다. 이러한 기술은 정원에서 흥미롭지 않은 부분을 더 잘 인식하는 데 도움이 될 수도 있다. 일 년 내내 볼 수 있는 흥미로운 것을 제공할 수 있는 식재를 계획하도록 연중 다른 시기에 찍은 정원 사진을 살펴보라. 겨울에 집에서 보이는 정원의 일부분에 특히 관심을 기울이고 낙엽수만 사용하는 것은 피해야 한다.

이 지역이 처음이라면 이웃 정원에서 어떤 종류의 식물이 자라고 잘 자라고 있는지 눈여겨 보라. 그 식물들이 선호하지 않는 식물이라 하더라도 토양 유형에 대한 단서를 제공할 것이다.

정보 수집

계획은 그것을 사용하는 모든 사람들의 다양한 요구 사항을 고려해야 한다.

아이들이 놀기에 충분한 잔디밭이 있는가? 잔디는 아이들이 노는 것을 견딜 수 있을 만큼 강인한가? 노인과 어린이와 같이 정기적으로 정원을 방문하는 사람들을 고려하라. 정원을 안전하게 만들기 위해 적절한 식재 또는 구조적 식재를 포함해야 할 필요가 있다. 정원을 이용하는 장애인의 요구는 무엇인가? 휠체어 사용자를 수용하려면 보도가 일반보다 넓어야 한다. 창고, 자전거 또는 장난감 보관소, 옷 건조, 접근로 등 어떤 시설이나 장비를 포함해야 하나? 이러한 장소 근처에는 어떤 유형의 식재가 필요한가?

정원의 전반적인 비전은 무엇인가?

전체 정원이 어떻게 보이고 개선되기를 원하는지 골똘이 생각하라. 당신은 정원에 대해 무엇을 좋아하고 싫어하나? 더 화려한 꽃을 원하나?, 아니면 더 많은 향기가 나는 식물을 원하나? 집에 덩굴 식물을 원하나? 정원의 모양을 바꾼다면 식재에 어떤 영향을 미치는가? 울타리가 아닌 생울타리와 같은 경계식재를 원하는가? 정원의 향후 용도를 고려했는가? 변경 사항을 쉽게 통합할 수 있는가?

당신의 한계는 무엇인가?

정원을 유지하기 위해 정원을 돌보는 데 얼마나 많은 시간을 할애할 수 있는가? 정기적인 가지치기가 필요한 식물에 대한 시간과 기술이 있는가? 비용은 얼마인가?

계획이 완료되고 모든 가능성이 고려되기 전까지는 결정을 서두르지 말아라. 최종 결과는 이 초기 프로세스에서 파생되기 때문에 절차상 이 부분에 시간을 할애할 가치가 있다. 이렇게 다져진 접근 방식은 효과가 있다. 전문 정원 디자이너가 고객을 위해 사용하는 검증된 프로세스이므로, 이 과정에서 도움이 필요하면 전문 정원 디자이너에게 조언을 구할 수 있다. 여기에 설명한 대로 정보를 수집하는 과정을 거치면 원하는 것이 무엇인지 더 명확하게 알 수 있고, 아이디어를 더 잘 전달할 수 있다.

꽃과 관목의 사랑스러운 균형

결론

이제 새로운 계획에 넣고 싶은 모든 요소로 목록을 작성하여 결론을 적을 때이다. 모든 사진, 잡지 페이지 및 색상 견본을 모아 큰 종이에 붙인다. 이 두 가지 항목(계획 및 영감 아이디어)은 정원 스타일과 원하는 식물 유형을 선택하는 기준이 된다. 다음 사례는 목록에 포함할 항목에 대한 몇 가지 아이디어를 제공한다.

자라나는 아이들이 있는 가족

(시간은 거의 없지만, 정원에 대한 다양한 요구 사항이 있다.)

- 아이들이 놀기에 안전하지만 재미있는 곳
- 아이들이 근처에서 놀고 공을 차는 것을 견딜 수 있는 강인한 식물
- 장난감 및 도구 보관을 위한 식물 차폐
- 잔디밭
- 퇴비더미와 큰 빗물통이 있어 야채와 부드러운 과일(씨 없는 작은 과일, 큰 씨나 단단한 껍질이 없는 딸기 같은 과일)을 재배할 수 있는 곳
- 테라스를 둘러싸는 향기로운 식물
- 그들은 방학 기간에 집을 비울 수 있으므로 일년 중 이 시기 외에 관심을 줄 수 있는 식물
- 흥미롭고 매력적이고 유지 보수가 적은(저관리형) 식물

젊은 독신 전문가 가족

(작은 정원이 있는 신혼집 또는 아파트)

- 유지 보수가 적은 저관리형 식물들
- 정원은 대부분 그늘이 있으므로 이에 적합한 식물이 필요
- 잔디밭 없음
- 친구들을 즐겁게 하는 장소: 친구들을 즐겁게 할 테이블과 의자가 있는 포장된 공간, 근처에 향기로운 식물들
- 파티오를 둘러싸는 퍼걸러는 여름에 그늘을 제공하고 이웃으로부터 가림막 제공
- 특이한 식물 식재, 즉 강한 건축적 형태
- 나무를 좋아함

은퇴한 부부

(아마도 넓은 정원이 있고 취미로 정원 가꾸기를 즐길 수 있음)

- 정원은 토양이 좋지 않아 이에 적합한 식물이 필요
- 일년 내내 정원을 즐길 수 있고 쉴 수 있는 곳
- 정원을 분할하고 정원의 주변 길로 유도하는 일부 구조적 식재
- 채소밭(허브 포함), 온실, 콜드 프레임(냉상: 씨앗을 발아시키거나 작은 식물을 추위로부터 보호하기 위한 작은 온상 같은 틀), 퇴비 더미, 큰 빗물통
- 잔디밭
- 절화를 위한 관목과 꽃밭
- 덩굴식물용 구조물
- 유지관리를 즐기고, 자신의 식물을 번식하여 다른 사람을 위해 재배하는 것을 좋아함
- 과수

도시 지역에 사는 바쁜 젊은 부부

- 향기로운 식물이 환영받는 엔터테인먼트를 위한 테라스
- 식물 차폐가 필요한 자전거 보관소
- 잔디밭 없음
- 유지 보수가 적은 저관리형 식물들
- 약간의 계절적 흥미를 줄 수 있는 무성한 식재
- 그들은 요리를 좋아해서 정원에 있는 허브를 원함
- 이웃집 차폐

법적 제약

시간 및 예산과 같은 개인적인 제약 외에도, 작업을 시작하기 전에 고려해야 할 법적 제한이 있을 수 있다. 계획 단계에서 이러한 문제를 인식하는 것은 중요하다. 그렇지 않으면 불가능하거나 허가가 필요한 지형지물을 적용하는 데 시간을 낭비할 수 있다. 필요한 허가 없이 작업을 수행한다면 벌금을 물고 원위치로 복원해야 할 어려움이 있다. 정원에 적용될 수 있는 몇 가지 제한 사항이 아래에 나열되어 있지만, 작업을 시작하기 전에 이러한 모든 문제를 지자체 담당자에게 확인하여 조언을 구하고 무엇이 가능한지에 대한 명확한 지침을 얻는 것이 좋다.

특별한 과학적, 건축적 또는 역사적 가치가 있기 때

나무에 의해 부드러워진 경계 울타리

문에 지정된 특별 장소 및 보존 지역은 모두 제한 대상이다. 당신의 정원이 이러한 제한 사항의 영향을 받는지 혹은 어떤 게 허용되는지는 지방자치단체에서 신속하게 알려준다.

나무보호령 tree preservation orders은 사유지에 있는 경우에도 특정 나무를 보호하기 위해 지방자치단체에서 정한다. 이러한 제한 사항으로 나무가 보호되는 경우 가지를 솎아내거나 벌채하는 등의 작업을 시작하기 전에 지역 나무 담당관에 문의하여 허가를 받아야 한다. 허가 없이 작업을 수행하면 상당한 벌금이 부과된다.

정원의 경계를 형성하는 벽과 울타리를 소유한 사람이 항상 명확한 것은 아니다. 누가 무엇을 소유하는지에 대한 일반적인 규칙이 없으므로 변경하려는 경우에 대비하여 이를 명확히 하는 것이 좋다. 재산에 대한 소유권을 확인하거나 변호사에게 그렇게 하도록 요청해야 할 수도 있다. 이웃의 경계 벽이나 울타리에 무엇이든 부착하려면 허가가 필요하다. 가능하면 상하수도관 및 케이블 등 지중구조물이 어디에 있는지 알아내어 지하를 팔 경우 이러한 지중구조물을 피할 수 있다. 지금은 케이블과 파이프를 지하 깊숙이 배치하고 밝은 색상의 플라스틱 경고 테이프로 덮는 것에 대한 규정이 있지만, 항상 그런 것은 아니었다. 몇 년 전에 배치된 케이블은 종종 표면 바로 아래에 있으며 아머드 케이블로 만들어지지 않았을 수 있으므로, 주의해야 한다. 2008년 10월부터 많은 주정Front garden이 포장되고 빗물이 땅에 흡수되지 않음에 따라 도로와 보행로로 유출된 홍수 문제로 5m^{2}이상의 불투수성 포장이 발생하는 경우 계획 허가가 필요하다.

정원 디자인의 기본 원칙

정원의 기능적 측면과 법적 및 실질적인 제약 뿐만 아니라 정원의 미학에 대해 생각하는 것은 중요하다. 가장 효과적인 방법은 정원설계의 기본 원칙을 적용하는 것이다. 이 간단한 지침은 정원 전체에 대한 대략적인 맥락을 제공한다. 이를 이해하고 사용하면 어떤 종류의 식물을 사용할지, 어디에 심을지 결정하는 데 도움이 된다.

균형

균형은 거의 대부분 대칭 디자인에 존재한다. 입구 양쪽에 동일한 크기로 전정한 관목을 배치하는 것은 간단한 사례이다. 그러나 한쪽에 큰 관목을 심고 작은 관목 3개와 균형을 이룸으로써 다른 한 쪽에 비슷한 양을 만드는 것과 같이 크기가 다른 식물을 조합하여 균형을 이룰 수도 있다.

조화

조화는 전체 구성을 이루기 위해 함께 움직이는 정원의 여러 요소들의 균형에 의해 형성된다. 균형, 비례 및 규모와 밀접한 관련이 있다.

비례

비례는 서로 관련된 요소의 상대적 크기로 해석할 수 있다. 집, 정원, 그리고 어느 정도 주변 환경의 크기는 모두 비례해야 한다. 정원의 삼면에 있는 울타리가 둘러싸인 상대적인 공간에 비해 너무 높으면 압도적으로 보일 것이다.

평면도상에 주요 구성 요소의 크기를 표시하고 조절하면 비례는 어떻게 해야 하는지에 대한 좋은 아이디어를 얻을 수 있다. 또한 막대기와 밧줄로 바닥에 표시를 하고, 위층 창문에서 집과 정원의 어떤 것이 영향을 끼치는지 다양한 각도에서 볼 수 있다.

큰 진달래는 넓은 삼림 지대에서 스케일이 잘 맞는다.

크기와 스케일

집 안의 방을 계획하는 것과는 달리 작은 정원조차도 넓어 보이는 이유는, 건물 또는 큰 나무이든 하늘의 넓이와 주변의 크기에 따라 그 스케일이 천차만별이기 때문이다. 시골을 배경으로 하거나 큰 건물을 배경으로 하면 정원안의 요소들이 왜소해지고 희미해질 수 있다. 반대로 공간에 비해 너무 큰 식물은 정원을 압도할 수 있다.

통일성

통일성은 정원의 다양한 면에서 한 가지 요소를 반복함으로써 공간에 생성되는 리듬감이다. 같은 종류의 식물이나 특정 색상을 이용해 정원 내에 반복함으로써 만들 수 있다. 모든 요소를 한데 모아 조화를 이끌어내는 또 다른 방법이다.

초점

초점은 눈을 사로잡는 정원의 특징이다. 초점이 없는 풍경은 지루하고 흥미가 없을 수도 있고, 눈에 확 띄는 포인트가 없어 너무 산만하게 보일 수도 있다. 초점이 식물인 경우 종종 표본 식물이라고 한다. 그들은 일반적으로 주변 환경과 다른 눈에 띄는 모양을 가지고 있으며 조각 및 예술품과 같은 장식적 요소이다. 조건이 허용하는 경우, 단풍나무와 같이 토피어리Topiary 모양이나 작고 우아한 나무가 될 수 있다. 작은 주춧돌 위에 올려진 용기화분의 관목은 초점으로서 더 강한 인상을 주지만, 물주기가 필요할 수 있다.

Loseley House의 고전적인 초점경관

울타리에 둥근 모양의 창을 만들어 초점을 맞추는 것도 좋지만 그 구멍을 통해 볼 만한 것이 있어야 한다. 생울타리와 토피어리와 같은 구조적 관목을 현명하게 잘 활용하면 시야를 확보할 수 있다.

단순함

디자인에 있어서 단순함이 부족하면 정원이 너무 복잡해져 휴식을 취하기에 편안한 장소가 되지 않는다. 우리가 모든 것을 조금씩 포함하려고 할 때 발생할 수 있으며, 그 결과 너무 많은 다양한 색상과 모양이 주의를 끌기 위해 경쟁하게 된다. 잡지나 우리가 방문하는 정원에서 잘 된 식재 디자인은 적은 수의 종을 사용한다는 점에 주목하라. 정리할 준비를 하고 '적을수록 좋다'는 점을 기억하라. 계획 단계에서 이러한 모든 디자인 원칙을 고려하고, 계획에 포함시키고, 반영할 뿐 아니라 이를 고수하라.

크고 붉은 프릴 양귀비가 여름날을 밝게 한다.

계획의 평가 및 개선

식물을 올바른 관점에서 보기

색상, 모양, 높이, 질감 및 향기를 제공하는 식물은 계절에 따라 부지런히 자라며 정원을 이루는 비교적 저렴한 구성 요소가 될 수 있다. 그들은 아마도 정원에서 가장 눈에 띄는 부분이며, 많은 영향을 미칠 수 있다. 많은 식물의 유용성과 상대적으로 저렴한 비용을 감안할 때, 정원의 주요 요소로 손쉽게 기대할 수 있다. 그러나 잘 심으려면 계획 초기 단계에서 식물을 정원의 한 요소로 생각해야 한다. 그들은 창고와 여름 별장과 같이, 건물과 경계로 구성된 3차원 프레임워크의 한 구성 요소이다. 가장 잘 된 정원은 비정형적일지라도 강력한 프레임워크 내에서 식재한다.

계획 변경

정원 계획, 정원 설계의 간략한 내용, 그리고 원칙을 활용하여 정원을 변화시키고자 하는 목적에 주의를 기울여라. 계획 평면도를 복사하고 다양한 식재 아이디어를 스케치함으로써 각각 어떻게 보이는지 확인한다. 기존의 전체 레이아웃과 정원의 모양, 길, 파티오, 창고의 위치, 잔디와 경계가 각각 서로 얼마나 차지하는지 고려한다. 작은 정원의 경우, 정원을 더 크게 보이도록 하기 위해 잔디밭을 너무 크게 만들면 주변 경계를 위한 공간이 너무 작아진다.

구조물과 관목의 경계부 및 잔디밭이 심어진 공간 사이에는 균형 잡힌 비율이 있어야 한다. 테두리를 식재하기 위해 단순히 남은 공간을 사용하지 않도록 한다. 이것은 디자인의 긍정적인 요소여야 한다. 구조를 변경하기로 결정했다면, 정원의 상태가 변경될 수 있다는 점에 유의한다.

창고의 위치를 바꾸거나 새로운 퍼걸러를 지으면 이전에는 없었던 그늘이 만들어지고, 밝기가 달라짐에 따라 낮은 광도에서 살 수 있는 다양한 식물이 필요할 것이다. 정원의 일부분만 바꾼다면, 정원의 나머지 부분과 통일된 방식으로 잘 어울리는지 확인한다.

입체적으로 생각하기

처음에는 3차원 정원이 2차원 평면에서 어떤 모습일지 파악하기 어려울 수 있지만 다양한 각도에서 정원을 찍은 사진을 활용하면 좀 더 명확해진다. 가능하면 위층 창문에서 정원을 바라보고 기존 정원과 관련하여 계획이 어떻게 보이는지 확인한다. 그러나 때때로 눈을 속일 수 있으므로 이러한 정보는 참고용으로만 사용한다. 계획 단계에 도움이 되도록 이러한 풍경에서 사진들을 찍고, 앞으로 이루어질 변경 사항들을 기록해 둔다.

중요한 초기 단계를 완료하고 이제 기존 정원에 대한 계획을 가지고 변경하려는 사항과 정원이 앞으로 어떻게 보일지에 대한 명확한 아이디어가 있게 되었다. 다음 장에서는 적절한 식물, 정원 스타일 및 식재 계획 방법에 대한 정보를 제공한다. 아이디어가 구체화되면 수행할 작업의 범위에 대한 현실적인 아이디어를 갖게 되고, 작업 수행 방법, 비용, 작업 수행에 가장 적합한 시기를 계획할 수 있다(8장 참조). 또한 정원을 준비하거나 식재를 돕기 위해 전문적인 도움이 필요할 수 있다.

나무시렁 Pleached tree**은 식재 영역을 설정한다.**

02 당신의 정원은 어디에 있습니까?

지역환경 분석, 토양 파악, 빛 평가, 수분도 평가, 방풍책

눈의 보호 층 아래 덮힌 겨울 정원

기후는 따뜻한가, 추운가, 습하거나 건조한가? 당신의 정원에는 어떤 종류의 토양이 있는가? 지역에서 잘 자라는 식물은? 정원에 적합한 식물을 선택하기 전에 이 모든 질문에 대한 답이 필요하다.

식물은 전 세계에서 자라고 있으며 수백만 년 동안 자생지에서 자라도록 적응해왔다. 정원에 지역에서 자생하는 식물만 사용하더라도 식물이 정원에서 잘 자랄지 여부를 알기 전에는 여전히 고유한 생육 환경 조건을 알아야 한다. 따라서 다른 나라에서 온 식물로 식재 계획을 세울 때, 식물의 생육 적합성과 키우려는 정원에 적합한지 여부를 이해하는 것은 중요하다.

OPPOSITE PAGE: 양골담초*Cytisus scoparius***가 있는 지중해의 밝고 푸른 하늘**

모든 정원의 토양은 개량할 수 있지만 근본적인 특성을 변경할 수는 없다. 토양 아래의 모암이 석회암이면 산성 토양이 담긴 용기화분 외에는 산성을 좋아하는 식물을 키울 수 없다. 흙이 모래이고 물이 잘 빠지는 곳이라면 습한 상태를 좋아하는 식물은 근처에 물이 없으면 어려움을 겪을 것이다.

토양은 동네마다, 심지어 거리마다 다를 수 있으며 언덕의 어느 쪽에 사는지에 따라 미기후가 달라질 수 있다. 지역의 기후, 지질학 및 성장 조건에 대해 잘 알고 이해하는 것은 정원에 식물을 선택할 때 그 식물이 원래 어디에서 왔는지, 좋아하는 환경조건을 아는 지식 등과 마찬가지로 매우 중요하다.

지역환경 분석

기후와 기상 조건

특정 지역에서 여러 해 동안 정원 가꾸기를 해 왔다면 다른 지역에서 막 이사를 온 경우보다 그 지역 기후에 더 익숙할 것이다. 지역을 처음 방문하는 경우 지역의 가든센터 garden center, 식물 종묘장 plant nurseries 또는 정원 동호회 gardening groups에 문의하면 계절별 날씨를 확인할 수 있다. 주말농장 소유자는 또한 귀중한 정보를 알려주는 출처이며 모든 정원사는 날씨에 대해 이야기하는 것을 즐긴다. 지역에서 자라는 식물을 살펴보면 기후가 어떠한지 많은 단서를 얻을 수 있다.

히비스커스hibiscus와 부드러운 야자나무palm trees와 같은 식물이 번성한다면 겨울은 아마도 온화하고 건조할 것이다. 하지만 일부 정원사는 운이 좋지 않아 상혈(국지적인 저온 피해 지역, 오목하게 들어간 곳)에 살고 있다. 이것은 차가운 공기가 오목한 곳에 갇히고 땅이 주변 지역만큼 빨리 따뜻해지지 않을 때 발생하며, 그 결과 다른 곳에서 저온피해를 받지 않았던 식물이 상해를 입고 손상될 수 있다. 도시와 대도시는 건물 및 벽돌과 콘크리트에 의해 유지되는 열로 인해, 주변 시골보다 몇 도 더 따뜻할 수 있으며, 그 결과 이러한 미기후에 자랄 수 있는 식물 유형종류에 지대한 영향을 미칠 수 있다. 하지만 도시의 옥상정원은 강한 바람의 영향을 받아 식물을 상하게 하고 건조시킬 수 있다.

지형

언덕 위 정원은 언덕 아래보다 더 바람이 많이 불고 더 춥고 건조할 것이다. 반면 아래 정원은 더 보호되고 토양이 축축할 것이므로 상당히 다른 생육 조건을 제공한다. 더 높은 지대에는 표토가 적을 수도 있다. 왜냐하면, 수년에 걸쳐 표토가 계곡으로 씻겨 내려갈 것이기 때문이다.

도시 미기후는 몇 도 더 따뜻할 수 있다

추운 겨울과 더운 여름이 있는 프랑스 남부의 극한 기후

탁 트인 지역은 바람에 의해 휩쓸릴 수 있으며 해안 지역도 염분이 많은 공기를 가지고 있다.

평평한 개활지에는 일반적으로 바람이 불 것이다. 바람에 밀려 구부러진 나무가 적절한 징후가 될 수 있다. 끊임없이 부는 바람이 나무와 울타리의 모양을 만드는 해안가에서 이것을 자주 볼 수 있다. 해안정원에는 염분이 많은 바람이 불어 이러한 환경에 적응하지 못한 식물에 해를 끼칠 수 있다.

지역 식물상

수백 년 전 영국의 많은 지역은 숲과 삼림으로 덮여 있었고, 일부 지역에서는 블루벨Bluebell이 만개하는 봄에 여전히 이 꽃들을 즐길 수 있다. 도시 정원조차도 토종 블루벨이 여전히 남아있어 토양과 기후에 얼마나 잘 적응했는지를 나타낸다. 때때로 잡초라고 불리는 자생식물이 정원에서 자라도록 해주는 것만으로도 땅에 남겨진 것들과 물려받은 환경조건에 대해 많은 것을 알 수 있다. 산미나리*Aegopodium podagraria*, 서양쐐기풀*Urtica dioica* 및 컴프리*Symphytum officinale*는 모두 토양이 비옥하고 수분 보유력이 있음을 알려주는 반면, 자가산포하는 버바스컴Verbascum은 배수가 잘 되는 건조한 조건을 나타낸다. 정원에 잡초 외에는 아무것도 자라지 않는 곳이 있다면, 잡초들은 환경조건이 어떠하며, 어떤 재배식물이 그곳에서 또한 잘 자랄 것인지에 대한 단서를 제공한다.

봄에 영국 블루벨Bluebell 숲속이다.

토양 파악

토양을 이해하는 것은 식물이 어떻게 자라는지를 아는데 기본이 된다. 식물에게 일어나는 대부분의 문제는 식물이 자라는 땅으로 거슬러 되짚을 수 있으므로 정원의 토양을 아는 것은 필수적인 출발점이다. 토양은 고정된 채 죽은 물질이 아니다. 그것은 역동적이고 살아 있으며 한 지역에서 다음 지역으로 또는 거리마다, 정원마다 다를 수 있다. 계절과 날씨에 따라 변하며 오염과 물리적 손상에 취약하다. (또한 8장과 9장 참조)

지질학과 고대사

대부분 우리 발 아래 있는 지질학은 일반적으로 자세히 고려하는 것은 아니지만 우리가 서 있는 토양은 기반암, 하층토 및 표토로 구성된 복잡한 지질 프로필의 최상층일 뿐이다. 표토는 우리가 정원에 대해 이야기할 때 참고하는 층이다. 그것은 우리가 파고, 심고, 작업하는 층이다. 표토 아래에는 심토라는 층이 있는데, 큰 독립수를 심기 위해 깊은 구멍을 파거나 공사를 할 때 만나 볼 수 있다. 나무와 큰 관목 뿌리 외에는 공기나 영양분이 없기 때문에 심토에서 거의 자라지 않는다.

표토, 심토 및 기반암의 층

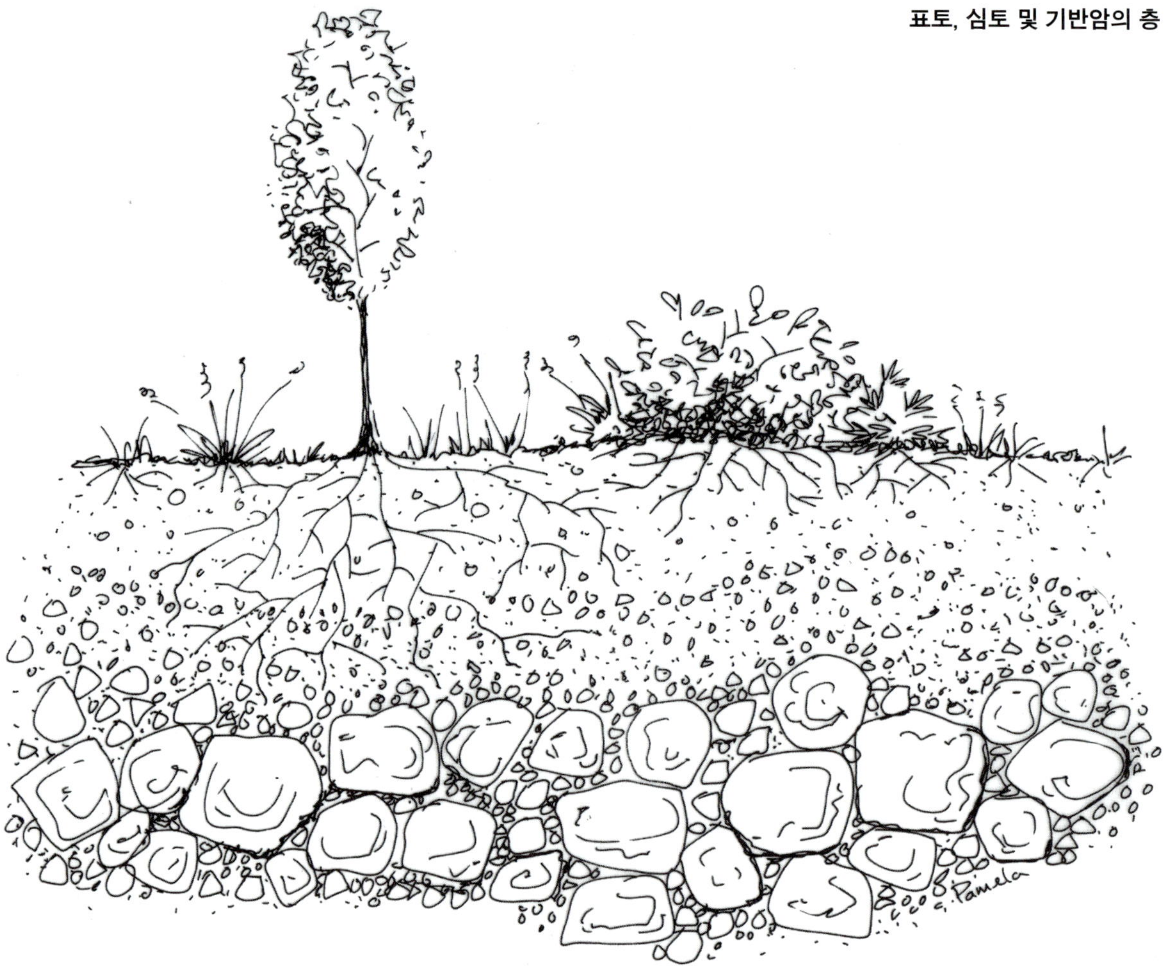

Somerset의 Kilve Beach의 쥬라기 해안선에는 기반암이 어떻게 형성되었는지에 대한 가시적인 증거가 있다.

표토가 심토로 오염되지 않도록 주의해야 한다. 가능하면 그대로 두는 것이 좋다.

심토층 아래에는 모암이 있다. 이것은 정원의 토양 유형을 결정한다. 사암은 모래 토양을 만든다. 석회암은 석회질 토양을 생성한다. 이것은 숲, 강, 빙하, 판구조론 및 변화무쌍한 해안선과 같이 지역의 고대 지질사와 함께 이루어진다. 해당 지역의 지질학과 고대 역사를 조금만 알면 정원에 있는 매우 귀중한 표토층에 대해 많은 것을 이해하는 데 도움이 될 수 있다.

흙이란 무엇인가?

토양은 미세한 암석 입자와 부엽토라고 불리는 부분적으로 분해된 식물과 동물의 혼합물이다. 토양을 구성하는 암석의 유형에 따라 점토, 석회, 미사, 모래 또는 토탄으로 정의된다. 그러나 건강한 토양에는 공기, 물, 영양분이 있으며 미생물들은 식물을 재배하는 데 핵심인 건강한 토양을 유지하는 데 중요한 역할을 한다.

토양의 기본적인 광물입자는 일반적으로 점토, 미사 및 모래이다(점토 입자가 가장 작고 모래가 가장 크다). 토양 특성은 이 세 가지 다른 입자의 조합에 따라 달라진다.

산도 및 알칼리도(pH 수준)

토양의 산도 또는 알칼리도는 빗물에 의해 토양에서 씻겨 나가는 칼슘의 유무에 따라 달라진다. 기반암이 백악이나 석회암과 같은 알칼리성인 경우 토양으로 빗물에 의해 침출되어 항상 알칼리성이다. 산성을 좋아하는 식물을 알칼리성 토양에서 키우려고 하면 잠시 동안 잎이 노랗게 변하면서 아무리 보아도 병들어 보일 뿐이며 결국에는 죽는다. 알칼리성이 없는 토양에 적응해 산성을 좋아하는 식물들을 호산성 식물이라고 한다. 마찬가지로 생육에 있어서 칼슘이 필요한 식물, 특히 채소가 많으며 칼슘을 제거하는 것보다 토양의 칼슘 함량을 높이는 것이 더 쉽다(석회 추가). 산성 토양은 필요시 정기적으로 석회를 첨가할 수 있지만 알칼리성 토양은 산성으로 만들 수 없다.

토양의 종류

진흙

점토 입자는 매우 작기 때문에 공기와 물이 들어갈 틈이 많지 않다. 따라서 무겁고 파기 어려워 보인다. 작은 흙을 가져다가 손가락 사이로 굴리면 쉽게 부드러운 공 모양이 되어 점토임을 확인할 수 있다. 배수가 잘 안 되는 점토질 토양은 봄에 따뜻해지는 데 시간이 오래 걸리고 덥고 건조한 여름에는 표면이 심하게 갈라질 수 있다. 그러나 입자를 분리하여 퇴비와 섞을 수 있다면 많은 식물이 좋아하는 훌륭한 정원 토양을 만들 수 있다.

미사

실트는 종종 강이나 매립된 해안 지역 근처에서 발견되며 시간이 지남에 따라 주변 언덕에서 씻겨 내려온 미세한 입자로 구성된다. 파기가 쉽고 표토층이 매우 깊을 수 있다. 땅이 깊고 비옥하며 수분 보유력이 있어 채소 재배에 적합하지만 쉽게 다져질 수 있어 잔디 관리가 어렵다.

모래

모래 토양은 또한 파기 쉽고 배수가 매우 잘 되며 봄에는 빨리 따뜻해진다. 그러나 영양분이 유실되는 경향이 있고 매우 건조할 수 있다. 손가락 사이에 맞비비면 공 모양이 되지 않고 모래 같은 느낌이 든다. 허브, 고산식물 및 내건성 식물과 같은 많은 식물이 이러한 유형의 토양에 적합하다.

백악(백색 연토질 석회암)

표토가 일반적으로 얕고 돌이 많으며 영양분이 부족하기 때문에 정원 토양으로 어렵다. 이 또한 매우 높은 알칼리성이지만 많은 식물이 이러한 조건에 적응한다.

이탄 토양

이탄질 토양은 작업하기 쉽고 물을 잘 머금지만 영양분이 적고 산성이다. 만일 개선하게 되면 훌륭한 정원 토양을 만들 수 있으며 헤더(에리카 속)와 진달래를 포함하여 산성을 좋아하는 다양한 식물에게 도움이 될 수 있다.

양토

이 토양은 보여지는 것으로 예상할 수 있다. 즉, 모래와 점토 입자가 혼합되어 있으며 천천히 배수되며 식물이 사용할 적절한 수준의 수분을 유지한다.

모든 표토를 바꾸더라도 효과가 없을 것이다. 칼슘은 기반암에서 나온 것이기 때문에 기존의 토양을 고려해 심고, 산성을 좋아하는 호산성 식물은 퇴비를 넣은 용기화분에 식물을 키우는 것이 훨씬 낫다. 수돗물에는 종종 산성을 좋아하는 식물에 심각한 영향을 미칠 수 있는 칼슘이 포함되어 있으므로, 모은 빗물을 진달래와 아잘레아와 같은 호산성 식물에 물을 주는 데 사용해야 한다.

그렇다면 어떤 유형의 토양이 있는지 어떻게 알 수 있는가? 간단한 관찰을 통해 많은 것을 배울 수 있다. 예를 들면, 시골 지역의 경우 야생 상태에서 또는 이웃의 정원에서 어떤 식물이 자라는가?

한 곳에서 자라는 진달래, 동백, 아잘레아는 토양이 산성임을 나타낸다. 대리석과 석회암과 같은 현지 재료로 지어진 주택은 알칼리성 토양이 있는 지역에서 볼 수 있다.

그러나 토양 테스트 키트의 사용은 자신의 정원에서 산도를 파악할 수 있는 확실한 방법이다. pH 척도는 토양이 얼마나 산성인지 알칼리성인지를 알 수 있는 방법이다. 범위는 1에서 14까지이며 7은 중성이다. 그 이하 토양은 산성이지만 7에서 14까지는 알칼리성이다. 대부분의 식물은 산도 6.5인 토양을 선호하며, 4-8 범위 밖의 토양을 찾는 것은 드문 일이다.

빛 평가

당신의 정원은 어느 방향을 향하고 있는가?

나침반 없이 정원이 향하는 방향을 알 수 있는 가장 좋은 방법은 태양이 항상 동쪽에서 떠서 서쪽으로 지기 때문에 이른 아침에 태양이 왼쪽에 있으면 남쪽을 향하고 있다는 것을 아는 것이다. 정원의 어느 부분이 하루 종일 해가 움직일 때 빛을 받는지 이해하려면 이것을 알아야 한다. 정남향 벽은 햇볕이 잘 들고 하루 종일 밝다. 만일 서쪽을 향한다면 늦은 오후의 태양을 따뜻하게 받지만 아침에는 그늘이 진다. 동쪽을 향한 벽은 좀 더 서늘한 아침 햇살을 받고 따뜻해지는데 시간이 걸릴 수 있다. 반면 북쪽을 향한 벽은 낮 동안 거의 태양을 받지 못하고 그늘지고 서늘할 것이다. 바람의 방향도 온도에 영향을 미친다. 바람이 따뜻한 곳에서 불어오는지 추운 곳에서 오는지 아니면 바다에서 불어오는지에 따라 달라진다.

겨울에는 낮의 길이가 짧아지고 일조량이 적어지며 태양이 하늘 높이 뜨지 않는다. 한여름에는 태양이 정오에 머리 위에 떠서 낮이 더 길어진다. 이로 인해 태양이 정원의 일부에 전혀 닿지 않는 한겨울에는 얼마나 햇볕이 잘 드는지 정확하게 판단하기 어려울 수 있다. 마찬가지로 낙엽수가 많은 정원에서 나무 잎이 없는 겨울에는 더 밝아 보이고 여름에는 나뭇잎이 태양을 차단하기 때문에 상당히 그늘질 수 있다.

양지 또는 반그늘?

낮의 길이는 정원 디자인, 특히 식재 계획의 모든 측면과 관련이 있지만 이를 평가하는 것이 그리 간단하지만은 않다. 정원의 모든 공간에서 빛의 수준을 완전히 이해하는 것은 올바른 식물을 선택하는 데 필수적이다. 정원이나 식물을 지칭할 때 '양지', '반그늘' 등 다양한 용어가 사용된다.

겨울 햇살

양귀비는 양지에 적합하다. 그렇지 않으면 이러한 식물은 적은 수의 꽃으로 길게 도장되어 자랄 것이다.

양지는 단지 아침이나 오후에 몇 시간 동안이 아니라 하루 종일 낮의 햇빛을 의미한다. 풀만 있는 들판을 상상해 보자. 노지 중앙은 하루 종일 양지이거나 또는 일광을 받는다. 노지의 경계에 나무가 있는 경우 그 나무가 그림자를 드리우는 곳은 온전히 햇빛을 받지 못한, '부분 그늘'에 있다. 낮의 길이가 짧아지고 태양이 하늘에 낮게 떠 있을수록 그림자가 길어지고 더 많은 부분이 그늘이 지게 된다.

정원, 특히 작은 정원에서는 완전한 양지를 확보하기 어려울 수 있으며, 넓은 정원에서도 일반적으로 나무, 관목 또는 구조물이 그늘을 만든다. 양지가 아닌 곳에서 호광성 식물을 키울 경우 그것들이 잘 자라지 못할 수 있다. 식물들은 빛을 향해 자라면서 '도장'이 될 것이며, 넘어지거나 지지대가 필요할 수 있는 좀 더 길고 가는 약한 줄기를 가지고 있다.

그 식물들은 아마도 꽃이 덜 피고, 해충과 질병에 더 취약할 것이다. 예를 들어 숲 가장자리에 자생하는 식물과 같이 반그늘에 적응한 식물은 낮 동안 단 몇 시간의 어른거리는 햇빛에도 잘 대처할 것이다. 깊은 그늘은 햇빛이 전혀 없다는 것을 의미하지만, 정말 화려하거나 화려하지 않더라도 이러한 조건에 적응한 식물이 많이 있다. 무난하고 건강한 식물은 병든 '화려한 꽃' 보다 항상 더 좋아 보인다.

수분도 평가

정원이 얼마나 습하거나 건조한지 또한 평가하기가 매우 어려울 수 있다. 토양을 보는 것만으로는 그리 분명하지 않기 때문이다. 정원에 햇볕이 잘 드는 탁트인 부분은 아마도 그늘진 구석보다 더 건조할 것이나 몇 센티미터 파헤친 것만으로는 전체 상태를 알 수 없다.

흙이 가질 수 있는 수분의 양은 정원의 토양 유형에 따라 다르다. 무거운 점토는 더 많은 수분을 유지하고 모래 토양은 더 적게 유지한다.

해당 지역의 지하수위도 토양수분에 많은 영향을 미칠 수 있다. 모든 지면에는 수 미터 아래 또는 지표 아래 몇 센티미터 아래에 지하수면이 있으며, 대부분의 경우 강우량과 계절에 따라 매년 변한다. 몇 달 동안 비가 내리지 않으면 지하수면이 상당히 내려갈 수 있으며 장기간 폭우가 있으면 지하수면이 지면 가까이로 올라올 수 있다. 구멍을 파는 것은 정원에서 지하수면을 알 수 있는 한 가지 방법이지만 지역 의회나 기획실에도 이 정보가 있을 수 있다.

지하수면이 매우 높은 지역에 산다면, 이는 토양 수분함량에 많은 영향을 미칠 수 있으며 식재할 수 있는 식물이 결정된다.

매우 건조한 조건을 좋아하는 식물은 뿌리가 오랫동안 젖어 있으면 잘 자라지 않는다. 그러나 수국과 버드나무와 같은 호습성 식물은 그것을 좋아할 것이다. 1년 내내 지하수면이 높은 땅은 배수가 잘 안되기 때문에 물빠짐이 어려울 수 있다. 이러한 경우 내건성 식물을 위한 유일한 해결책은 지면에서 단이 올려진 식재용 화단을 만드는 것이다.

기존 식물, 벽과 건물도 정원의 수분 정도에 영향을 미친다. 나무, 큰 관목 및 울타리 아래의 땅은 식물이 수분을 흡수하기 때문에 건조할 수 있다. 또한 벽 아래에 있는 땅은 비를 피할 수 있기 때문에 건조할 수 있다. 이러한 장소는 일반적으로 그늘이 있어 대부분의 정원사가 가장 싫어하는 조건인 '건조한 그늘'이라는 용어가 생겼다. 토양의 수분함량에 대한 물리적 징후가 없는 경우 현지에서 자라는 식물을 보면 단서를 얻을 수 있다.

오랫동안 홍수를 견딜 수 있는 정원은 거의 없다.

바람의 난기류는 통과할 수 없는 벽으로 인해 발생할 수 있다.

해안 정원에서 구부러진 나무

버드나무willows, 진달래rhododendron, 수국hydrangea 및 큰 잎이 달린 다년생 식물은 물이 있다는 좋은 지표이며 소나무pine, 부들레리아buddleia, 가시금작화gorse, 타임thyme은 매우 건조한 토양임을 나타낸다.

방풍책

정원은 강한 바람을 싫어한다. 가뭄, 비, 서리보다 바람은 잎을 말리고 땅에 떨어뜨리고 가지와 줄기를 부러뜨림으로써 식물에 더 많은 피해를 줄 수 있다. 깨지기 쉬운 식물 뿌리는, 특히 나무와 관목이 땅위에서 뒤흔들리게 되면 손상될 수 있다. 정원을 만들기 가장 어려운 유형 중 하나는 바람이 많이 부는 평야 또는 휘몰아치는 강풍이 있는 해안 지역이다. 이는 극한 상황이지만 거의 모든 정원이 강풍으로 인해 피해를 입을 수 있다. 이것은 바람이 벽이나 울타리와 같은 단단한 장벽에 부딪힐 때 생성될 수 있는 난기류 때문이다. 마을과 도시에서는 건물 사이에 도시 협곡풍이 일반적으로 존재한다.

이러한 조건에 적응이 되어 자라는 식물이 때때로 유일한 해결책이지만 손상으로부터 보호할 수 있는 방법은 많다. 키가 큰 포플러 열식과 같은 거친 울타리 또는 나무를 사용하는 방풍식재는 탁 트인 농지에서 흔히 볼 수 있는 모습이다. 단단한 울타리와 벽 대신 틈새가 있는 트렐리스trellis나 낙엽성 생울타리를 사용하라. 취약한 식물은 겨울에 원예용 양털fleece이나 가지치기한 줄기, 가지, 잎으로 감싸서 보호할 수 있다. 스테이킹staking은 흔들림을 방지할 수 있으며 식물 지지대를 사용하는 것 외에도 정기적으로 덩굴식물과 벽걸이 관목을 함께 묶는 것이 도움이 될 것이다. 바람에 찢어지지 않는 작은 잎을 가진 식물을 키우라. 폭풍 후 바나나와 야자수 사진을 생각해 보라. 해당 지역의 기후와 날씨에 대해 수집할 수 있는 모든 정보는 정원의 생육 조건을 이해하는 데 도움이 될 것이다. 이것은 또한 키울 수 있는 식물과 그렇치 못한 식물이 무엇인지 아는 데 도움이 될 것이다.

정원 계획과 조사 또는 부지분석을 통해 이제 원하는 식재 스타일을 알 수 있다.

03 나의 정원에 적합한 스타일 찾기

정원을 지역 환경과 연관, 다양한 정원 스타일, 스타일을 정원의 위치와 기능에 맞게 조정

작은 정원에 대담하게 심기

스타일은 무언가를 표현하는 방법이다. 대부분의 정원은 단순히 위치, 크기 또는 기능 때문에 특정 스타일을 개발한다. 예를 들어, 비정형적 스타일은 넓은 잔디밭과 강건한 식물로 둘러싸인 시골의 주택정원에서 비롯될 수 있다.

OPPOSITE PAGE: 소박한 녹색 초원의 초점경관

스타일과 외관에 있어서 당신의 정원이 정말 완벽하게 보일 수 있지만 공간과 그 특성을 최대한 활용하지 못할 수도 있다. 아름다운 경치에 주의를 끌지 못하거나 식물 선택이 제한되어 이러한 기회를 놓칠 수 있기 때문이다. 특정 스타일을 선택하는 것은 소유자가 정원에서 자신의 무언가를 표현할 수 있는 기회이기도 하다.

정원을 지역환경과 연관

멋진 정원은 장소성에 있다. 이러한 용어는 아름다운 외부공간에 존재하는, 특정지어 말할 수 없는 무형의 특징을 설명한다. 디자이너는 이 용어를 사용하여 지역환경의 특성과 유기적으로 어울리는 정원을 설명한다. 많은 건축가와 마찬가지로 프랭크 로이드 라이트Frank Lloyd Wright는 이러한 이론의 지지자였다. 예를 들면 현장에 이미 존재하는 바위를 그 유명한 건물 중 하나인 펜실베이니아에 있는 주택 안에 들여놓는 데 사용했다. 이것은 스타일을 선택함에 있어 최선의 접근 방식을 함축한 것이다. 정원은 주변 환경에 자신을 강요하지 않고 어우러져야 된다.

시골은 스타일을 선택할 때 더 제한적일 수 있다. 특히 시골풍경이라는 배경 때문에 이국적인 식재가 이질적으로 보일 수 있다. 지역색이 분명하지 않은 도시에서는 선택한 스타일이 좀 더 자유로울 수 있다. 나무고사리tree fern와 대나무bamboo는 전정Front yard 벽을 배경으로 하면 이질적이지 않지만, 전형적인 영국의 시골 분위기에서는 어울리지 않을 것이다. 정원의 환경조건에 적용된 식물들은 지질학적 특성을 기본으로 하기 때문에 그곳에서 잘 크고 자랄 것이다. 산성 토양이 있는 삼림 지대에서 자라는 진달래rhododendron와 아잘레아azalea는 어울리는 식물로 둘러싸인 적소에서 자라기 때문에 알맞게 보인다.

스타일은 정원과 건물이 서로 유기적으로 연결되도록 주변 주택의 형태에도 적합해야 한다. 집안의 인테리어도 고려하여 두 영역의 스타일을 어울리게 하는 것을 잊지 말라. 이는 정원과 내부를 하나로 연결해주는 대형 창문이나 유리문이 있고 두 영역 모두에서 시야가 명확하게 보이는 경우에 특히 적절하다. 주변 환경을 반영하는 식재 스타일이 상이한 스타일보다 더 오래 간다.

스타일은 주변 환경과 연관될 뿐만 아니라 소유자의 성격과 취향도 반영해야 한다. 특정한 스타일에 자연스럽게 끌릴 뿐 아니라 위의 모든 기준을 충족하면 결정이 쉬울 수 있다. 하지만 다른 곳에서 보았을 수도 있고, 자신의 정원에서 그대로 옮기고 싶은 아이디어를 적용하기 전에 몇 가지를 고려해야 한다. 정말 당신의 취향과 상황을 반영하는가? 아이디어의 원조를 기후와 건축 양식이 상이한 나라에서 가져오는 경

버드나무 조각은 시골풍경을 반영한다.

평화로운 녹색과
흰색의 정원

우, 그 결과는 해당 장소 또는 소유자의 주변 환경과 관련성이 없는 어설픈 모방이 될 수 있다.

아이디어가 쉽게 떠오르지 않으면 결정을 내리기 전에 시간을 내어 개인적인 취향과 주변 환경을 고려하라. 수집한 정보(이전 장에서 설명함)를 사용하고 정원, 구조물 및 조각 사진들로 보완하면 본인의 진정한 스타일이 드러나는 것을 보고 놀랄 수 있다.

정원의 스타일은 사용된 식물의 종류뿐만 아니라 식물을 키우고 유지되는 방식에 의해서도 두드러진다. 선명하고 깔끔한 외곽선이 있는 주목 울타리는 강한 색상과 견고함으로 정형성을 나타낸다. 반면 부드럽고 둥근 외곽선으로 자른 반상록 서어나무 울타리는 비정형성을 암시하고 반투명한 경계를 만든다. 정원에서 사용되는 용기화분, 구조물 및 기타 모든 요소들이 선택한 스타일에 있는 통일성에 의해 스타일이 더욱 돋보인다. 가장 잘 된 정원은 자신감과 명확성을 전체 정원에 전달되는 아이디어를 가진 정원이다.

다양한 정원 스타일

정형식

정형식 정원 스타일은 일반적으로 기하학적 패턴과 대칭인 모양을 가진 직선, 그리고 깔끔하게 정돈된 모습을 가지고 있다. 말끔하게 자른 울타리와 토피어리는 입구를 강조하기 위해 양쪽에 심거나 레이아웃에 기하학적인 면을 강조하기 위해 직사각형이나 정사각형의 모서리에 사용할 수 있다. 식물은 종종 전세계 다른 나라에서는 색다르게 사용된다. 일본의 전정한 아잘레아azalea는 산을 나타낸다. 이런 식으로 자르면 꽃을 피울 수 없지만 색상보다는 모양과 형태에 가치를 둔다.

회양목과 같이 작은 잎을 가진 식물은 선명한 윤곽선을 제공하기 위해 전정할 수 있는 반면 큰 잎을 가진 독립수는 그럴 수 없기에 윤곽선이 더 부드러워진다. 토피어리용으로 사용되는 식물들로는 동청괴불나무 Lonicera nitida, 베이bay, 로즈마리rosemary 및 주목yew 등이다. 과일나무로 에스팰리어espalier, 외대가꾸기cordon 및 부채형fan과 같은 정형적인 모양으로 전정할 수 있다. 고전적인 장미rose와 세이지sage와 월계수와 같은 허브도 일반적으로 정형식 정원에 사용된다.

깔끔한 직선은 현대적인 정원에서 격식(정형성)을 만든다.

자연식

이 스타일은 많은 장소에 잘 어울린다. 식물은 자연적인 자생지의 특성대로 고르며, 전체 레이아웃은 직선이 아닌 곡선으로 비정형적이다. 자연적 비정형식 식재 기법은 믿을 수 없을 정도로 까다로우며 잘 식재하려면 신중한 계획이 필요하다. 성공비결은 식재 계획 내에 깔끔하게 전정된 울타리, 잔디밭의 가장자리의 목재 경계 또는 토피어리 식물과 같은 일부 구조물 등을 넣어 지저분해 보이지 않도록 하는 것이다.

코티지 정원

코티지 정원 식재에 대한 접근 방식은 구조물이 거의 없는 자연식 스타일과 매우 유사하다. 과일과 채소는 전통적으로 식재 계획에 포함된다. 이러한 유형의 정원은 다른 수많은 정원보다 더 높은 수준의 유지 관리가 필요하다. 다른 식재 스타일과는 달리 다양한 식물의 조합에 의존하지만, 성공하기 위해서는 항상 강력한 존재감을 가진 깔끔하게 전정된 회양목 토피어리 또는 호랑가시나무와 같은 강한 정형적 모양을 가진 관목으로 틀을 만들어주어야 한다.

일본식 정원

일본식은 아름답고 명상적인 정원을 만든다. 그것은 차분한 분위기를 매우 선호하는 병원과 대학의 작은 안뜰에서 자주 사용되고 있다. 정원에 이러한 스타일을 고려하고 있다면 결정을 내리기 전에 많은 생각을 하라. 그것은 유럽 스타일의 건축 양식과 쉽게 어울리지 않고 어이 없게도 그 스타일이 모방으로 끝날 수 있기 때문에 대부분의 외부 공간과 조화되기 어려울 수 있다.

진정한 일본식 정원은 수년에 걸쳐 발전해 온 방식으로 매우 상징적인 석등불, 수수분, 돌과 같은 요소를 배치한다.

긴 잔디밭으로 된 오솔길이다.

일반적인 자연식 정원식물

관목

- 코릴러스(개암나무)
- 퓨샤(후쿠시아: 작은 꽃이 피는 유형)
- 일렉스(호랑가시나무: 홀리)
- 오스만투스(목서, 계화)
- Philadelphus(일본고광나무)
- 장미
- Sambucus (딱총나무, 엘더베리)
- Syringa (라일락)
- 구조적 요소에 대한 전정 및 토피어리 관목 (예: 회양목과 주목)

다년생 초화류

- 데이지 같은 꽃을 피우는 과꽃(아스타속) 및 기타 식물
- 디기탈리스
- 제라늄(쥐손이풀)
- 루핀(루피너스)
- 작약(모란)
- 프리뮬라(앵초)
- 샐비어(사루비아)
- 비올라(제비꽃, 팬지)

유럽 정원에 있어 보다 좋은 접근 방식은 가능한 한 적은 요소를 사용하여 가장 단순한 형태의 스타일로 희석한 버전을 적용하는 것이다. 이름에 japonica가 포함된 식물은 분명히 좋은 선택이다. 이것은 그 식물들이 이 지역에서 유래했음을 나타내기 때문이다.

꽃과 색상은 모양, 형태 및 깔끔함보다 덜 중요하다. 단정하게 전정한 회양목box, 아잘레아azalea, 소나무pine, 단풍나무maple 및 대나무bamboo와 같은 구조형

대나무는 동양적인 분위기를 연출한다.

식물들이 이러한 스타일을 더 잘 부각시킨다. 일반적으로 사용하고자 하는 것보다 더 적은 수의 종을 심는 방법을 쓰면 가장 좋은 결과를 얻을 수 있다.

지중해식 정원

지중해식 정원은 도시 지역에서 인기 있는 스타일이다. 올리브 나무와 같은 많은 지중해 식물이 추운 겨울에도 적응할 수 있음에도 불구하고 더 안온한 환경을 제공할 수 있기 때문일 것이다. 이러한 스타일은 도시 환경에 적합하지만 대부분의 전형적인 지중해 식물은 영국의 시골 환경과 다소 이질적으로 보일 수 있다. 이 식물은 배수가 잘 되는 토양을 선호하며 중량감 있는 점질토에서는 잘 자라지 못하지만 정원이 이러한 조건이 있는 경우 식물에 맞게 토양상태를 조절할 수 있는 용기화분에서 키울 수 있다.

목초지 정원

초원 또는 초원 지역은 정원을 분위기 있는 야생의 공간으로 만든다. 넓은 면적의 땅을 가질 필요는 없다. 목초지 정원은 정원 끝의 작은 자투리 땅, 특히 전망이 시골 풍경인 경우 보다 정형적인 공간에서 비정형적인 공간으로 연계할 수 있는 효과적인 전환 방법이다.

일반적인 지중해 식물

- 소나무
- *Cupressus sempervirens* (연필 사이프러스, 이탈리안 싸이프러스)
- *Acacia dealbata* (미모사 아카시아)
- *Campsis radicans* (트럼펫 덩굴, 플라바 능소화)
- *Chamaerops humills* (팬 팜, 유럽 팬 야자, 지중해 드워프 야자)
- *Vitis vinefera* (포도나무)
- 라벤더
- 올리브
- Oleander (협죽도, 독성이 있으므로 주의)
- 허브 (로즈마리, 백리향, 세이지 등) 은 매우 관상적일 뿐 아니라 유용하다.

목초지는 식물이 잘 자라기 위해 빛이 필요하며 단순히 야생으로 자라기 위해 남겨진 풀밭이 아니니다. 토양의 특성과 정원의 방향에 따라 어떤 식물을 키울지 정하기 위해 약간의 조사를 수행할 필요가 있다.

야생 정원

기존에 야생 정원이란 식물을 스스로 나고 자라며, 결국 자연이 이를 관리하는 다소 비정형식 스타일로 생각했다. 이것은 보다 깔끔한 외관을 선호하는 일부 정원사를 좌절시켰다. 그러나 지금 야생정원은 비정형적이든 정형적이든 모든 유형의 정원에 통합될 수 있는 정원 스타일이며 수많은 이점이 있다.

야생정원은 꽃가루와 꿀이 풍부한 꽃을 포함하여 다양한 식물을 통해 생물종 다양성을 부양한다. 이러한 식물은 다양하고 유익한 곤충들을 끌어들인다. 자급자족하는 균형 잡힌 야생 먹이사슬을 통해 진딧물과 민달팽이 같은 해충을 포식자가 먹게 한다.

장점은 정원사로서 유익한 야생생물을 유인하여 해충을 최소화할 수 있다는 것이다.

꿀벌은 열린 구조의 꽃을 선호한다.

새들은 애벌레, 민달팽이, 진딧물을 먹는다. 개구리와 두꺼비는 민달팽이를, 박쥐는 곤충을, 그리고 고슴도치는 민달팽이를 먹는다. 그 결과 우리의 식물은 더 건강하고 잘 자랄 것이다. 방제해야 할 해충과 질병이 줄어들면 정원 관리가 줄어든다. 더 적은 화학 물질을 사용함으로써 환경이 개선된다. 결과를 즐길 시간이 더 많아진다.

건강한 생육을 유지하기 위한 최소한의 개입이 필요하도록 정원의 환경조건에 적합한 식물을 선택하고 가능하다면 내병성 품종의 식물을 사용하라. 덩굴식물은 타고 올라가서 머물 수 있는 공간을 만든다. 인동덩굴과 담쟁이덩굴과 같이 꿀이 풍부하고 벌에게 친숙한 식물은 꿀이 풍부한 꽃과 열매를 맺기 때문에 가치가 있다. 단순 개방형 구조의 수란*Limanthes douglasii*과 같은 꽃은 대부분의 곤충에게 매력적이다. 진딧물과 같은 해충을 먹는 무당벌레, 꽃등에과, 풀잠자리와 같은 곤충을 유도하라. 농약 사용을 피하기 위해, 필요한 경우 해충을 방제하기 위한 생물학적 방제를 적용한다. 예를 들어, 포도나무바구미보다 먼저 살았던 선충은 어떠한 화학적 처리보다 훨씬 더 효과적이다. 정원의 크기에 따라 최소한 하나의 퇴비 더미를 만들라. 작은 정원에는 장식용으로, 보다 큰 정원에는 두세 개를 준비하라.

일반적인 지중해 식물

교목

Alnus glutinosa (오리나무류) 열매는 핀치새와 시스킨을 유인한다.
Betula pendula (자작나무)는 새를 유인하는 많은 곤충을 부양한다.
Quercus robur (참나무류)는 새가 먹는 다양한 곤충을 지원한다. 도토리는 나무비둘기와 큰점박이딱따구리가 먹는다.
Fagus sylvatica (너도밤나무) 열매는 박새, 되새, 큰점박이딱따구리, 동고비가 먹는다.

관목

Cotoneaster (섬개야광나무) 새가 좋아하는 껍질과 열매; 꿀벌은 꽃을 좋아한다.
Pyracantha (피라칸사속) 새는 붉은 열매를 맺는 품종을 선호한다.
Lavender (라벤더) 나비와 꿀벌은 꽃을 좋아한다.
Privet (프리벳, 쥐똥나무) 새들은 검은 열매를 좋아한다.

덩굴성 식물

Lonicera periclymenum (인동덩굴) 꽃은 벌과 나방을, 열매는 새를 끌어들인다.
Ivy (담쟁이덩굴) 둥지를 틀기에 좋다. 꽃은 가을에 벌레를 유인한다.

초화류

다음은 정원에 새를 유인하는 과일과 씨앗을 제공한다
Helianthus annus (sunflower, 해바라기)
Aster novi-belgii (michaelmas daisy, 우선국, 참취속)
Oenothera species (evening primrose, 달맞이꽃속)
Centaura cyanus (cornflower, 수레국화)
Limnanthes douglessi (poached egg plant, 림난테스 더글라스)

우리 모두는 정원의 새소리를 즐긴다. 새는 민달팽이와 달팽이 같은 해충을 잡아먹음으로써 우리에게 소중한 존재이다. 다양한 해충을 잡아먹는 많은 종류의 새를 유인하기 위해 다양한 먹이를 제공하고, 새를 정원으로 유인하기 위해 새집을 설치하라. 다양한 크기와 형태의 새집를 설치하여 많은 새들이 새집을 이용할 수 있도록 하라. 작은 연못이나 분수를 만들어 다른 작은 생물에게 휴식처를 제공하라. 아이들이 정원을 이용할 경우 연못을 자갈로 채우거나 맞춤형 특수 격자로 씌우라.

위치에 맞는 스타일

전정Court yard

전정은 다양한 식재 스타일이 가능하다. 대부분 다른 형태의 식재 디자인을 포함하는 다양한 건축물과 주변환경이 없는 밀폐된 공간이기 때문이다. 미니멀 또는 일본식 스타일은 다른 곳보다 이러한 공간에 더 쉽게 적용할 수 있다. 형태와 색상만으로 창의력을 발휘할 수 있는 기회도 있다. 벽면은 식물의 모양을 돋보이기 위한 배경으로 강한 색상으로 칠해져 굉장히 매력적인 시나리오를 만들 수 있다. 밤에 집안의 방에서 전정을 볼 수 있다면, 특정 식물이나 모양이 특이한 작은 나무를 밑에서 위로 비추어 흥미로운 그림자를 만드는 것을 고려해 보라.

전정은 일반적으로 광도가 낮은 작은 공간이다. 이곳은 심을 수 있는 식물이 제한된다. 어떤 식물을 심을지 결정하기 전에 해당 장소의 상태를 모니터링하고 빛의 양을 확인하라. 이는 연중 시기에 따라 달라질 수 있음을 기억하라. 이러한 정보를 활용하면 적합한 식물 목록을 작성하는 데 도움이 된다.

작은 공간에서 대부분의 식물은 눈에 잘 띄기 때문에 신중하게 선택해야 한다. 가장 간단한 접근 방식은 일반적으로 수종의 수를 제한하는 것이다. 공간의 크기에 따라 환경조건에 맞는 3~4종의 식물을 선택하고 그 배수로 사용한다. 식물이 작을수록 더 많이 활용할 수 있다. 관목과 같이 더 큰 식물은 적게 사용하고 공간이 있다면 작은 나무 한 그루만 사용하라. 빛이 약하고 강우량이 부족하기 때문에 처음부터 제대로 하는 것이 항상 쉬운 것은 아니다. 식물을 정기적으로 모니터링하고 필요한 경우 교체할 수 있도록 준비하라.

주정Front garden

나머지 정원과 달리 주정은 우리가 집에 들어오고 나갈 때 일 년 중 대부분 사용하며 집 안에서 볼 수 있다. 집의 입구는 집의 첫인상과 집 안의 모습을 보여주기 때문에 중요하다.

스타일리시한 전정의 수납함

바위솔 Sempervivum **은 배수가 잘 되는 조건에서 잘 자란다.**

부동산 중개인은 그것을 '장벽 해제' 라고 부른다. 그럼에도 불구하고, 주정은 방치된 공간일 수 있다. 대부분은 다른 정원에 비해 매우 작지만 많은 기능을 가지고 있으며 종종 적어도 한 대의 자동차를 위한 주차공간을 제공하고 쓰레기통과 재활용박스를 보관한다. 빗물을 흡수하고 홍수를 방지하기 위해 주정에 식재공간이 필요하다는 이유로 2008년에 불투수성 포장재를 5m^2이상 사용할 경우 계획 승인을 요구하는 법안이 제정되었다.

식재한 작은 공간은 역동성과 흥미로 가득 찬 정원으로 제공된다. 상상력을 발휘하여 식물을 선택하면, 늦겨울에 향기로운 흰색 꽃을 피우는 작은 상록 관목인 사르코코카 콘푸사Sarcococca의 달콤한 향기를 맡으며 겨울 저녁에 집으로 들어가거나 봄에 개화하는 수선화와 튤립을 즐길 수 있다. 공간이 좁다면, 벽면용 관목과 덩굴식물이 식재에 더 많은 기회를 제공하는 좋은 해결책이며 쓰레기통을 가리기 위해 트렐리스에 가까이에 붙여 심는 것도 유용하다. 피라칸사*Pyracantha* 또는 호랑가시나무holly를 빽빽하게 심는 것도 외부인을 저지하기 위한 경계식재에 사용할 수 있다.

옥상 또는 발코니 정원

옥상이나 발코니 정원은 일반적으로 야외 공간이 매우 드문 도시에 정원을 만들 수 있는 기회를 제공한다. 대부분의 식물은 용기화분에 심겨져 있으며 상토를 조절함으로써 좀 더 다양한 생육 조건을 제공함에 따라 식재 가능한 식물의 폭을 늘릴 수 있다. 이러한 위치가 주변에 노출되어 있기 때문에 신중한 계획과 식재가 필요한 특수한 환경이다. 선택한 식물의 종류는 정원의 크기와 보호책을 얼마나 할 것인가에 따라 다르다. 좀 더 보호된 환경에서는 더 다양한 식물을 심을 수 있다.

트렐리스 패널 같은 방풍책을 만들면 바람이 걸러지고 약간의 그늘이 만들어진다. 운이 좋으면 유리 패널을 사용하여 멋진 전망을 보존할 수 있다. 모든 경계 구조물은 난기류를 방지하기 위해 일정량의 바람이 통과할 수 있도록 반투과성이어야 한다. 뚜렷한 계획이 없을 경우 가장 적절한 유형의 경계 처리에 대해 조언할 수 있는 정원 디자이너 또는 조경 전문가에게 문의하라.

환경조건과 위치의 변수가 있기에 옥상정원이나 발코니에 대한 확실한 식물 목록을 제공하는 것은 불가능하다. 태양과 바람에 의한 노출이 주요 문제이므로 해안 지역이나 더운 지중해 기후에서 자라는 것과 같이 열악한 환경조건에 적응한 식물을 선택하라. 당종려나무*Tracycarpus fortunei* 및 바나나banana와 같이 잎이 큰 식물은 사용하지 말라. 강한 바람에 잎이 찢어진다.

건조한 조건을 견딜 수 있는 적절한 식물을 선택하고 일단 자리를 잡으면, 이후 그들을 보살피기 위한 추가적인 관수는 필요하지 않다. 은빛 잎은 일반적으로 스타키스*Stachys byzantine*와 같이 잎을 보호하는 작은 털로 덮여 있다. 수분 손실을 줄이는 밀랍층이 있는 잎이나 짤막하고 좁은 잎을 가진 식물도 이러한 거친 조건에서 잘 생존한다. 라벤더lavender, 로즈마리rosemary, 시스터스rock-rose와 같은 일부 지중해 식물은 뜨거운 태양으로부터 보호하기 위해 에센셜 오일을 방출한다. 또한 이 과정에서 방출되는 좋은 향기를 즐길 수 있다. 인공배합토와 자연토(예: JohnInnes)를 50:50으로 혼합한 상토를 사용하면 수분이 유지되고 식물이 점차 수분을 흡수할 수 있다.

식물과 용기화분은 특히 젖어 있을 때 매우 무거우므로 지붕이나 발코니 공간이 하중을 견딜 수 있는지 확인하는 것이 필수적이다.

스타일과 기능과의 관계

수경시설

수경시설은 어른과 어린이 모두에게 끊임없는 매력의 원천이다. 작은 키트 형태의 월마스크, 대야부터 대형 연못까지 다양한 정원에 적용할 수 있다. 벽걸이형 수경시설 물소리는 편안한 분위기를 조성하고 연못은 잔잔한 반사면을 연출할 수 있다. 정원의 연못은 더 넓은 범위의 식물을 심을 수 있는 기회를 제공함으

작은 정원에 스마트한 수경시설

수생 식물

물가 식물

Acorus calamus (창포)
Caltha palustris (동의나물)
Equisetum scirpoides (좀속새) 작은 수직, 대나무 같은 줄기
Gunnera manicata (대장군풀) 대황 같은 잎을 가진 매우 큰 식물

깊은 물 식물

Aponogeton distachyos (호주가래, 물산사, 아포노게톤)
Nymphaea (waterlilies) 다양한 크기와 색상을 제공

로써 물을 깨끗하게 유지하고 조류의 성장을 방지하는 데 도움이 된다. 작은 연못도 야생동물을 유인하여 새와 다양한 야생생물이 마시고 목욕하고 먹이를 먹을 수 있는 장소를 제공할 수 있다. 모든 수경시설은 크기에 따라 일정된 연간 유지관리가 필요하므로 정원에 설치하는 방법을 결정할 때 이를 신중하게 고려하라. 가끔이라도 어린 아이들이 정원을 이용한다면 주의를 기울여야 한다.

옥상정원

옥상정원은 방수층 위에 잔디류나 다른 식물을 심는 것이다. 옥상정원에 대한 최근의 인기는 주로 근래 몇 년 동안 홍수와 가뭄의 주기를 보인 기후변화로 인해 인기가 많아졌다. 지붕에 떨어지는 빗물의 최대 60%를 흡수하여 유출을 줄인다. 자연적인 단열성은 겨울에 건물의 열을 유지한다. 더운 날씨에는 식물이 열을 흡수하고 대기로 다시 방출하지 않아 주변 공기 온도를 낮추기 때문에 건물을 시원하게 유지하는 데 도움이 된다.

카모마일 chamomile **옥상정원**

식물들로 덮힌 공간은 아무리 작더라도 야생생물들에게 귀중한 서식지를 제공한다.

잔디는 스칸디나비아 반도에서 수세기 동안 지붕 위에 사용되었다. 영국의 기후에는 햇볕이 잘 드는 장소에는 돌나물 또는 빛이 적은 그늘에서는 작은 양치류와 같이 폭넓은 범위의 식물들이 있다. 식물은 원뿌리가 아닌 수염뿌리여야 하며, 관수와 유지관리가 거의 필요하지 않아야 한다. 옥상정원은 기존 지붕보다 설치비용이 더 많이 든다. 추가 중량과 지붕 표면의 올바른 방수에 심각한 문제가 있을 수 있어 전문적인 설치가 권장된다.

벽면녹화

벽면녹화는 수직벽면에 고정된 특수 식물로 채워진 모듈로 구성된다. 옥상정원과 마찬가지로 벽면녹화는 건물의 겨울 열을 보온하고 여름에는 주변 공기를 시원하게 유지한다. 그것은 또한 방음 기능을 제공하고 도시에서 활기찬 녹색 경관을 만든다. 상업용 건물에 대한 몇몇 멋진 사례가 있다. 그러나 국내 특성상 설치 비용이 많이 들고 보기 좋게 유지하려면 꽤 많은 유지관리와 관수가 필요하다.

벽면녹화

빗물정원

빗물정원은 불투수성 포장(예: 아스팔트, 콘크리트 및 블록 포장재)에서 흘러나오는 빗물을 모으고 저장한 다음 천천히 땅에 스며들도록 만든 움푹 패인 곳이다. 정원의 모든 공간을 빗물정원으로 만들 수 있다. 움푹 들어간 곳은 차도 경계를 따라 있거나 정원의 저지대로 더 넓은 지역에 위치할 수 있다. 유출수를 늦추기 위해 적절한 식물을 심거나 자갈을 장식용으로 활용할 수 있다. 저장 용량을 늘리고 물이 땅에 더 쉽게 스며들도록 하기 위해 그 아래에 자갈로 채워진 도랑이 있을 수 있다. 빗물정원은 미국과 다른 지역에서 널리 사용되지만 영국에서는 비교적 새로운 개념이다.

채소원

최근 몇 년 동안 정원에서 과일과 채소를 재배하는 데 대한 관심이 훨씬 더 커졌다. 실용적인 채소밭으로 정원에 통합될 수도 있고 공간이 부족하다면 용기화분에 재배할 수 있다. 대부분의 과일과 채소는 기능적일 뿐만 아니라 매력적이다. 보라색 세이지sage, 로즈마리rosemary, 쪽파chive는 가장자리의 관상용 식물만큼 좋아 보인다.

잘 유인된 과일나무는 장식용과 생산용으로 혼용할 수 있다. 사과와 배는 매우 작은 공간을 차지하면서도 여전히 많은 양의 과일을 생산하는 외대가꾸기로 키울 수 있다. 왜성대목에서 자라며 1년에 두 번 간단한 가지치기가 필요하다.

채소텃밭potager은 보기에도 좋고 정원의 중앙을 차지할 수 있을 뿐만 아니라 생산적이기도 한 채소 재배 스타일이다. 전통적인 채소텃밭은 직사각형, 정사각형 및 다이아몬드와 같은 기하학적 모양으로 레이아웃을 만들 수 있는 통로와 높은 화단을 통해 그리드grid가 있는 정형적 디자인을 가지고 있다. 허브와 식용꽃도 야채와 같이 심어 시각적으로 매력적인 디자인을 만든다.

정원의 향기

향기는 식물을 선택할 때 간과되는 경우가 많지만, 정원에서는 강력한 기억과 감정을 불러일으키는 매혹적인 효과를 발휘할 수 있다. 허브는 우리에게 음식을 떠올리게 할 수 있고 또 다른 향기는 우리에게 어린 시절의 기억과 일들을 상기시킬 수 있다.

행잉바스켓Hanging basket에서 자라는 토마토

온실은 식물이 자랄 수 있는 가능성을 높인다.

향기는 장미의 달콤한 향기에서 백합의 자극적인 향까지 다양한 식물에 존재하지만 향기를 전하는 것은 꽃만이 아니다. 로즈마리와 라벤더와 같이 태양의 온기에 의해 방출되는 에센셜 오일이 잎에 있다.

향기는 상황과 계절에 따라 다른 반응을 불러일으킨다. 장미의 자극적인 향기는 따뜻한 날씨에 큰 즐거움이 될 수 있으며, 정원의 겨울 향기는 예상치 못한 일이지만 항상 반갑고 행복한 경험이 될 수 있다.

가장 효과적인 분위기를 조성하려면 향이 나는 식물을 즐길 수 있는 곳에 전략적으로 배치하라. 예를 들어 의자 옆에 있는 백합 화분이나 길을 따라 늘어선 라벤더 울타리는 그것을 스칠 때마다 향기를 발산한다.

용기정원

용기에 식물을 재배하는 것은 정원의 환경조건에 적합하지 않은 식물에 대한 이상적인 해결 방안이다. 예를 들어, 정원에서 산성토양을 사용할 수 없을 경우, 작은 품종의 단풍나무는 용기화분에서 잘 자란다. 야채는 비옥한 상토에서 영양분을 공급받을 수 있다. 햇빛에 그을리는 식물은 바닥이 포장된 정원의 그늘진 곳에 있는 용기에서 잘 자랄 수 있다.

용기화분은 구근의 봄 식재와 가을빛의 관목과 같이 계절감을 보여주는 식물에 이상적이다. 집안의 창에서 볼 수 있도록 가장 아름다운 시기의 식물을 심은 용기정원을 배치함으로써 변화를 주고, 정적으로 보이는 것을 방지하라. 여기에는 약간의 계획이 필요하므로 중앙 무대를 차지할 준비가 된 대기 중인 용기화분이 있는지 확인하라.

다양한 종류의 튤립은 여러 달 동안 계속해서 꽃이 피고 펠라고니움pelargonium은 정기적으로 데드헤딩dead-headed하면, 몇 주 동안 꽃을 피운다.

용기는 다양한 색상 조합과 모양을 시도해 볼 수 있는 기회를 제공한다.

효과가 있다면 정원에 더 영구적으로 심는 데 아이디어로 활용할 수 있다.

모던하게 심은 용기정원

04 색상 작업

색이란 무엇인가?, 자연의 색, 광도가 색에 미치는 영향, 색 구성표 만들기, 색상 조합, 자연소재로 작업하기

기본 색상인 빨강, 노랑 그리고 파랑

색이란 무엇인가?

색상의 정의는 수백 년 전으로 거슬러 올라가며 각 사회적 문화와 색상과의 연관성은 전 세계적으로 다를 수 있다. 색상은 작업하기 복잡하고 혼란스러울 수 있으며, 우리의 두뇌가 우리 주변에서 보는 색상을 어떻게 해석하는지 여전히 미스터리이다. 왜 어떤 사람은 노란 꽃을 좋아하고 다른 사람은 싫어할까? 그들의 두뇌가 색상을 다르게 해석하기 때문인가, 아니면 서로 다른 연관성을 가지고 있기 때문인가?

OPPOSITE PAGE: 에키놉스*Echinops ritro*

부모와 조부모가 기른 식물들은 성인이 된 우리의 호불호에 강한 영향을 미칠 수 있다. 어떤 사람들은 어린 시절부터 꽃을 좋아하지만, 다른 사람들은 기분이 나쁠 수도 있다.

오늘날의 정원사는 안목 있는 디자이너이다. 그들은 자신이 무엇을 좋아하는지 알고 있지만 식물에 대해 마음에 두고 있는 것을 실현하는 것은 매우 어려울 수 있다. 예술가와 인쇄업자는 정확한 색상을 만들기 위해 페인트나 잉크를 팔레트에서 혼합할 수 있다. 하지만 식물을 사용하는 것은 제어가 어렵기 때문에 식물로 그림을 그릴 때 색상이 어떻게 작용하고, 예상되는 분위기를 아는 것은 필수적이다.

우리는 모두 같은 색을 보고 있는가?

개개인의 신체 특성으로 인해 모두가 정확히 같은 색상을 인식하지는 않는다. 유전적 구성이나 성장함에 따라 발생하는 신체적 변화에 의해 보는 것에 상당한 차이가 있을 수 있다. 색맹은 가장 널리 알려진 예로서 남성의 8%가 색맹을 갖고 있으며 여성의 0.05%만이 색맹을 가지고 있다.
색맹의 가장 흔한 형태는 빨간색과 녹색을 구분하기 어려운 것이다. 이는 색상 작업 시 상당한 영향을 미칠 수 있으며 어떤 색상이 잘 어울리고 어떤 색상이 어울리지 않는지에 대해 모두가 서로 다른 의견을 갖고 있는 지를 설명하는 데 도움이 될 수 있다. 아마도 색상은 보는 사람의 눈에 있지 않겠는가?

색을 보는 방법

대기를 통해 움직이는 빛의 파장 때문에 색상을 볼 수 있으며, 인간의 눈은 가시광선이라고 하는 이러한 파동의 특정 범위에 예민하다. 예를 들어 프리즘을 통해 이러한 파동이 분할되면, 무지개에서 보는 색상을 볼 수 있다. 육안으로 볼 수 있는 6가지 순수한 스펙트럼 색상은 보라색, 파란색, 녹색, 노란색, 주황색 및 빨간색이다. 빛의 파장이 물체에 닿으면 이러한 스펙트럼 색상 중 일부는 흡수하고 다른 색상은 반사한다. 우리가 보는 것은 이렇게 반사된 색상이다. 사과는 빨간색이 흡수되지 않는 유일한 색이기 때문에 빨간색이다. 그러므로 우리는 그것을 빨간색으로 본다.

자연의 색

색상은 여러 가지 이유로 자연에서 발생한다. 예를 들어 식물과 동물은 유인 또는 보호, 경고 또는 위장을 위해 착색된다. 암석의 광물은 공기 및 물과의 화학 반응으로 인해 색상을 형성한다.

적응과 유전적 진화는 수분 매개자와 산포 매개자를 유인하기 위해 진화한 꽃과 열매와 같이, 살아있는 생물이 생존하고 번성하기 위해 색을 사용하며 이에 중요한 역할을 한다. 설익은 홀리베리Holyberry는 녹색이며 식물의 잎에 가려져 있다. 먹힐 준비가 되었을 때만 빨갛게 변하고 짙은 녹색 잎에 눈에 띈다. 따라서 장식용 열매를 위한 식물을 키울 시, 예를 들어 마가목의 노란색 또는 흰색 열매가 나무에 더 오래 남아있는 반면 일반적으로 붉은 열매는 먼저 먹히니, 이를 고려하라.

꽃의 색깔은 곤충에게 신호를 보내기 위해 진화했다. 일부 식물은 밤에 꽃가루받이를 하는 곤충을 위해 색보다는 향으로 유인하기 때문에 눈에 띄지 않는 꽃이 있다. 예를 들어 보리밥나무*Elaeagnus ebbingii*는 매우 작고 옅은 노란색꽃을 가지고 있지만 식물을 보기도 전에 꽃의 향기가 풍겨진다.

그러나 잎은 광합성 과정에서 빛 에너지를 흡수하여 영양분을 생성하는 엽록소를 포함하고 있기 때문에 녹색으로 보인다. 엽록소는 색상 스펙트럼에서 빨강, 노랑, 파랑 및 보라색을 흡수하는 반면 녹색 빛을 반사하는 색소이다. 그러므로 우리는 나뭇잎을 볼 때

야생화 초원은 단순한 조화와 색상의 균형을 가지고 있다.

녹색으로 본다. 이러한 색소가 추위로 인해 감소되면 녹색의 엽록소에 가려져 있던 다른 색소가 나타나 가을의 노랑, 주황, 빨강이 드러나 보인다. 다채로운 잎은 잎 안에 엽록소 색소가 적거나 없을 때 발생한다. 이것은 자연의 도태이다. 잡색의 잎을 가진 식물은 영양분을 생산하는 엽록소가 적기 때문에 평범한 잎을 가진 종류들보다 느리게 자랄 수 있으며, 야생에서는 원래 형태로 돌아가거나 더 강한 경쟁자에 의해 도태될 수 있다.

광도가 색에 미치는 영향

하루 중 광도의 변화

시간은 멈추지 않고 정원의 광도는 태양이 하늘을 가로질러 이동함에 따라 끊임없이 변화한다.이른 아침의 빛은 부드럽고 은은하며 노란색을 띄고 있어 노란색과 라임색이 빛난다. 태양이 한창인 여름의 한낮에는 색상이 희석되어 보일 수 있지만, 늦은 오후에는 빛이 오렌지색을 더 많이 띄어 밝은 색상이 강렬하게 나타난다. 대부분의 정원 사진작가는 색의 채도가 더 높은 이른 아침이나 늦은 오후에 작업하는 것을 선호한다.

알다시피, 밤이 되면 세상은 색이 없어진다. 이것은 더 많은 빛을 필요로 하는 우리 눈의 수용체 때문이다. 밝은 색상은 회색으로 보여 서로 구별할 수 없다. 전등으로도 강한 색상을 확실히 알아볼 수 없으므로 밤에 사용할 정원용 식물을 선택할 때 이 점을 고려해야 한다. 흰색 꽃과 줄기 또는 옅은 잎은 빛을 반사할 뿐 아니라 진한 빨간색이나 파란색보다 훨씬 더 눈에 띈다. 낮은 광도에서 우리의 눈은 녹색에 가장 민감하다.

햇빛과 다양한 기후

색을 보는 방식은 자연광의 질에 따라 달라진다. 더운 기후에서는 강렬한 광도가 색을 희석시키고 감소되는 반면, 낮은 빛 수준의 서늘한 기후에서는 반대 현상이 발생하여 색이 더 풍부하고 선명하게 보인다. 지중해 전역에서 가장 많은 사랑을 받는 밝은 분홍색 부겐빌레아는 북쪽의 부드러운 빛 속에서 연간 또는 여름 화단용으로 살아 남는다. 남아프리카에서 온 많은 식물들도 마찬가지이다. 영국보다 더 강한 광조건에서 진화된 꽃색을 잘 조합하려면 어느 정도의 기술과 주의가 필요하다.

계절별 빛

북반구와 남반구에는 일 년 내내 광도가 변하는 계절이 있다. 극한의 북쪽과 남쪽에서는 여름 낮이 24시간 지속되지만 겨울 밤도 그만큼 길다. 적도에 가까울수록 계절과 빛의 극단이 줄어들고 겨울의 길이는 여름과 매우 비슷하다. 광도의 이러한 변화는 계절에 따라 정원에서 색을 보는 방식에 영향을 미친다.

봄에는 광도가 낮고 햇살이 적기 때문에 색상이 여름보다 더 뚜렷하게 보일 수 있다. 봄과 가을에 은은한 빛을 발하는 꽃은 너무 강한 여름 빛에 압도될 수 있다. 봄과 초여름을 선사하는 새싹의 밝은 녹색은 봄의 은은한 노란색 빛과 어우러지며, 마찬가지로 가을의 불 같은 붉은색과 오렌지색은 계절과 함께하는 호박색 빛으로 강조된다. 겨울에는 옅은 노란색 또는 회색 빛이 있어 고유한 색의 품격을 가질 수 있어 짧고 추운 겨울 낮에 피는 꽃식물을 특별하게 생각하게 된다.

건물과 나무의 그늘

탁 트인 들판에서 정원을 만들지 않는 한, 하루 중 어느 시점에는 건물, 나무 또는 큰 관목으로 인해 약간의 그늘이 생긴다. 식물의 생육에 영향을 미치는 그늘 외에도 꽃, 잎 및 나무껍질의 색에도 영향을 미친다. 밝은 색상의 잎이나 나무껍질을 가진 식물을 이용하거나 어두운 곳에서도 눈에 띄는 흰색 꽃을 사용하면 어두운 구석을 밝게 할 수 있다. 노란 잎을 가진 식물은 특히 강한 햇빛에 타서 갈색으로 변할 수 있기

노랑무늬풍지초*Hakonechloa macra* 'Aureola'와 클레마티스 *Clematis* 'Abundance'. 노란 잎이 달린 식물은 어두운 구석을 밝게 한다.

때문에 낮은 빛에서도 매우 효과가 있다. 예를 들면 고광나무*Philadelphus coronarius* 'Aurea(Aureus)' 또는 멕시코오렌지꽃*Choisya* 'Sundance' 은 밝은 그늘에서 매우 좋다.

이러한 식물들은 특히 여름 후반에 양지에서 잎 색깔이 뚜렷하지 않을 수 있지만 갈색으로 그을린 자국 없이 여전히 빛날 것이다.

햇빛을 좋아하는 식물이 낮은 광도에서 자라면 꽃을 피울 수 없으므로 삼림지대 식물과 같이 밝은 그늘에 적응한 식물을 사용하라. 아잘레아, 매발톱꽃 aquilegias 및 수국과 같이 수많은 식물들은 어른거리는 그늘에서 또는 하루에 단 두 시간의 햇빛에서 행복하게 꽃을 피울 것이며, 양지보다 시원하고 습한 조건을 선호한다. 그러나 대부분 반엽 또는 강한 색상의 잎은 매우 낮은 광도에서 선명도를 잃을 수 있으며, 식물이 영양분을 생산하기 위해 녹색 엽록소를 필요로 하기 때문에 거의 녹색으로 되돌아갈 수 있다. 반엽은 엽록소가 적거나 없기 때문에 식물은 생존을 위해 녹색으로 되돌아가려고 한다.

색 구성표 만들기

정원에 사용할 색상을 결정하는 것은 혼란스럽고 어려울 수 있지만 전체 디자인의 일부이며, 정원 스타일과 긴밀하게 연관성이 있어야 한다. 식물 색상만을 따로 디자인하는 것은 어렵다. 돌, 목재 또는 페인트칠 된 표면 등과 같은 다른 재료와도 조화를 이뤄야 할 수도 있고, 이는 전반적인 디자인 컨셉의 일부가 될 수 있기 때문이다.

색 구성표는 봄부터 겨울까지 동일하게 유지될 수 있으며 계절에 따라 약간의 변화만 줄 뿐이다. 반면 봄에는 밝은 노란색과 녹색이, 가을에는 불 타오르는 듯한 주황색과 빨간색으로 변하는 등 급격하게 변할 수 있다. 봄에 피는 수선화와 분홍 달리아가 동시에 피지 않기 때문에 걱정할 필요가 없다. 그러나 이것이 약간 부담스럽다면 처음부터 계획을 가능한 한 단순하게 유지하라. 색상 선택이 적고 가장 간단한 구성표는 항상 더 안정적이고 이루기 쉽다.

정원에 적합한 색 선택

인간의 감정은 정원의 분위기를 조성하기 위해 다양한 색상을 사용함에 따라 영향을 받을 수 있다. 녹색은 가장 인기 있는 색상이며 눈에 가장 편안한 색상이다. 신호등이 녹색으로 표시되는 것처럼 먼 거리에서도 쉽게 볼 수 있다.

파란색은 차분하고 마음을 진정시킬 수 있지만 차갑고 우울함을 나타낼 수도 있다. 밝은 색상은 에너지를 생성하고 기분을 고양시키며 시야를 확 넓혀준다.

파란색과 짙은 녹색을 띤 식물은 뒤로 멀리 떨어져 있는 것처럼 보이고, 밝은 빨간색, 주황색, 노란색은 앞으로 다가와 눈에 띌 것이다. 이것은 색만으로 깊이감을 만드는 데 활용할 수 있다.

색상이 너무 다르거나 충돌하는 색깔들을 함께 사용하면 부조화를 일으키고 어색해 보이지만 단순한 색상 구성표는 항상 고요하고 조화로운 느낌을 준다.

본 전시정원의 페인트 색상은 애기범부채 *Crocosmia* 'Lucifer' **와 완벽하게 일치한다.**

좋은 비유는 음악이다. 전체 정원을 테마가 흐르는 완전한 멜로디로 생각하라. 반복되는 프레이즈, 매우 시끄러운 시퀀스와 매우 조용한 시퀀스가 있을 것이다. 어떤 종류의 정원을 만들고 싶은가? 편안하거나 행복하거나 흥미 진진하거나 심지어 차분하고 싶은가? 정원의 각 부분에는 다른 테마가 필요하기 때문에 이러한 종류의 감정적 연관성은 색 계획표를 하나로 모으는 데 도움이 될 수 있다. 예를 들어 정원 입구의 밝은 색상이 조용하고 단순한 녹색으로 바뀌면서 옅은 분홍색, 파란색 및 회색의 차분한 좌석 공간으로 이어짐에 따라 경쾌한 느낌을 줄 수 있다.

그런 다음 정원의 그 공간을 떠나면 울타리에 있는 넓고 넓은 잔디밭이 나오는데, 어두운 입구로 걸어가면 강렬한 주황색과 빨간색이 울려 퍼진다.

울타리 너머로는 빛나는 노란색과 옅은 크림색의 우울한 숲이 펼쳐져 불협화음적인 멜로디를 만들어 낸다. 다만 나무 수관이 형성되기 전인 봄에는 예외이다. 그 곳은 노란색 얼레지erythronium, 수선화daffodil 및 블루벨bluebell로 밝고 행복하다. 음악은 계절과 심지어 날마다 바뀔 수 있다. 정원 주변의 색 주제를 연동하는 이 아이디어는 큰 정원에서와 마찬가지로 아주 작은 정원에서도 마찬가지이다. 규모의 문제일 뿐이다.

이어지는 내용은 몇 가지 유용한 시나리오이다.

식사 및 접대 공간: 녹색 배경에 풍부한 빨간색과 분홍색을 사용하여 활기를 준다.

주정과 같은 리셉션 공간: 단순하지만 사계절 내내 끊임없이 변화하는 식물들

주방 창에서 바라본 전망: 요리용 허브와 제철 샐러드 야채, 동반식물로써 장미, 일년생 식물

정원의 한 부분에서 다른 부분으로의 전환: 주변 식물들과 경쟁하지 않는 미묘한 색상과 질감

독서와 휴식을 위한 조용한 장소: 시원한 보라색, 옅은 분홍색, 부드러운 회색 잎 또는 녹색과 흰색의 단순한 구성

자연 삼림지대: 다양한 녹색, 다채로운 줄기와 나무껍질, 계절별 꽃, 열매

색상 용어

누군가가 다른 색조를 요청할 때, 다른 색상을 의미하는가 아니면 같은 색상이지만 더 밝거나 더 어두운 색상을 의미하는가? 그들은 정말로 다른 강도나 색조의 색상을 요구하는가?
색상 용어는 일상 언어의 일부가 되었으며 때로는 잘못 표현되기도 하지만 용어에 대한 기본적인 이해는 색상을 사용하고 색상에 대해 의사소통할 때 도움이 된다.

Hue 색의 또 다른 이름
Tint 흰색으로 희석한 색
Tone 블랙이나 그레이가 더해진 색
Shade 빛을 가리면 어떤 색으로 보이나
Key colour 색 구성표 또는 혼합에서 지배적인 색상
Neutral grey 중립적인 회색
Intensity 색상의 밝기 또는 흐릿함
Primary colour 빨간색, 노란색 및 파란색 원색
Secondary colour 주황 (빨강 + 노랑), 초록 (파랑 + 노랑), 보라 (파랑 + 빨강)의 두 가지 기본 색상을 혼합했을 때의 결과

색 조합

사람들이 색상과 갖는 관계는 상당히 다양하다. 어떤 사람들은 그것이 일상에서 경이로움의 원천이라고 생각하는 반면, 다른 사람들은 이 혼란스러움이 뭔지 궁금해한다. 어떤 사람들은 그것을 본능적으로 사용하지만 다른 사람들은 그것을 이해하기 위해 고군분투한다. 그러나 인간은 수천 년 동안 색을 다루고 이용해왔으며 이는 예술뿐만 아니라 과학 및 물리학과도 관련이 있다. 17세기 아이작 뉴턴이 빛과 프리즘을 실험하고 스펙트럼 색상을 발견했을 때 당시의 미술 이론가들은 빨강, 노랑, 파랑을 '원색'이라고 불렀다. 그들은 알려진 모든 색상이 이 세 가지만으로 만들어질 수 있다고 믿었지만, 이는 엄밀히 말해 사실은 아니다. 그러나 오늘날 우리가 여전히 사용하는 예술에서 색을 이해하고 다루기 위해 인정된 이론이 되었다.

색상환

18세기 초에 개발된 색상환은 오늘날에도 여전히 색상을 구성하고 조합하는 데 사용된다. 인간의 감정은 정원의 분위기를 조성하기 위해 다양한 색상을 사용함으로써 영향을 받을 수 있다. 녹색은 가장 인기 있는 색상이며 눈에 가장 편안한 색상이다. 신호등의 녹색으로 표시되는 것처럼 먼 거리에서도 쉽게 볼 수 있다. 빨강, 노랑, 파랑의 원색으로 구성되어 있으며 이러한 색상이 함께 섞일 때 어떤 일이 일어나는지 보여준다. 색상환은 또한 색상을 나란히 놓았을 때 다양한 특성을 설명하는 데 도움이 된다. 예를 들어 색상환에서 서로 반대편에 있는 색상은 보색이라고 하며 생동감이나 대조를 형성한다. 빨간색은 녹색의 보색, 노란색은 보라색의 반대색, 파란색은 주황색의 반대색이다. 이러한 색상은 배색으로 함께 배치하면 눈에 띄는 반면, 빨간색과 주황색 또는 파란색과 녹색과

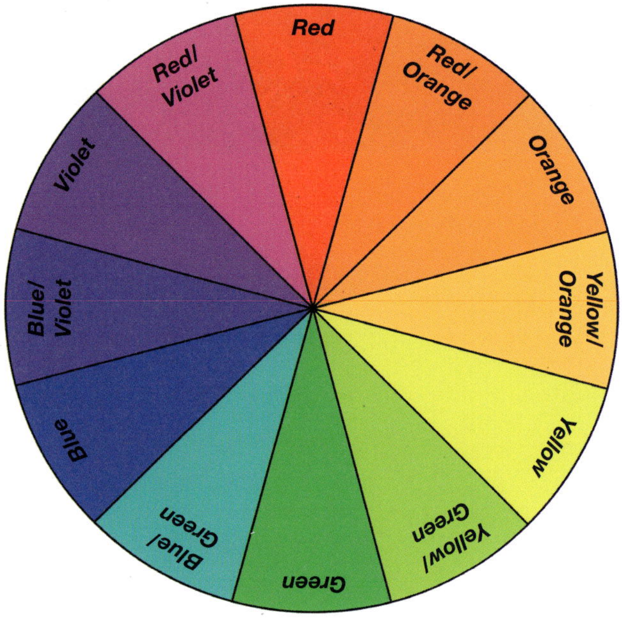

색상환

살구색은 노란색을 포함하고 있기 때문에 노란색과 조화를 이루는 반면 밝은 자주색은 파란색을 포함하고 있기 때문에 노란색과 상충된다.

같이 색상환에서 서로 옆에 있는 색상은 조화를 이룬다. 빨강, 노랑, 파랑의 삼원색은 다른 색이 더해지면 더욱 복잡해진다.

약간의 노란색이 빨간색과 섞이면 빨간색/주황색이 되고, 약간의 파란색이 빨간색과 섞이면 빨간색/보라색이 된다. 이 색상을 흰색으로 희석하면 둘 다 분홍색이 되지만 하나는 노르스름하고 다른 하나는 푸르스름하다. 둘 다 여전히 분홍색이지만 미묘한 차이가 있다. 빨간색/보라색 또는 자주색은 파란색을 포함하고 있기 때문에 노란색과 충돌할 수 있지만 빨간색/주황색은 노란색을 포함하고 있기 때문에 노란색과 조화를 이룰 것이다. 대부분의 색상은 빨간색, 노란색 또는 파란색에서 기원을 찾기 위해 세부적으로 나뉠 수 있으며 이 이론을 이해하면 색상 작업을 할 때 더 많은 제작이 가능하며 더 창의적일 수 있다.

자연 소재로 작업하기

식물 세계에서 발견되는 색상의 범위는 무한하고 예측할 수 없기 때문에 정원에서 색상을 사용하여 작업하는 것은 흥미로울 수도 있지만 어려울 수도 있다. 색 구성표를 선택하면 사용 가능한 수많은 식물 목록이 제한된다. 이렇게 하면 무엇을 심을지 최종적으로 결정하기가 훨씬 쉬워지지만, 자연은 신중하게 생각한 우리의 아이디어에 마음대로 영향을 미칠 수 있다. 때때로 이것은 즐거울 수 있고 어떤 경우는 혼란스러울 수 있으므로 처음부터 계획을 단순하게 유지하는 것 또한 적절한 이유이기도 하다. 라벨이 잘못 붙은 식물이든, 생육 환경조건을 예측할 수 없는 상황이든, 자가산포한 침입자이든 상관없이 돌발상황은 종종 발생하며, 이를 받아들일지 여부에 대한 결정이 필요하다.

정원을 만드는 데 사용할 수 있는 식물의 잎과 줄기에서 발견되는 많은 색상 중 일부를 보여주는 색상 견본이다.

이런 일이 발생하면 디자인 변경을 결정하게 되는 것이다. 자가산포한 식물들이 색상 구성표에 잘 맞는가? 색상 구성표에 추가하거나 뺄 수 있는가? 정원의 다른 장소로 옮기는 것이 더 나은가?

우리의 완벽한 식재 계획표에 예상치 못한 변동이 있을 때, 이러한 돌발상황을 다루고 수정하는 능력이 필요하다. 예술적 기술은 계획을 수정할 때와 그냥 두어야 할 때를 아는 데 있다. 수채화는 종종 일련의 통제된 일탈로 묘사되며, 식재 디자인과 매우 유사하다.

일부 식물들은 내한성 제라늄geranium과 장미rose와 같이 개화기가 길지만 다른 많은 식물은 작약peony과 양귀비poppy 처럼 잠깐 동안에만 꽃이 핀다.

식물과 계절

Spring *Summer* *Autumn* *Winter*

Red

Yellow

Blue

Green

Violet

Pink

Orange

White

꽃은 정원에서 일시적이고 장식적인 요소이며 끊임없이 변화하거나 사라지기 때문에 색 구성표를 만들기 위해 순전히 꽃에만 의존하는 것은 한계가 있다. 하지만 잎, 줄기 및 나무껍질만 사용하여 일년 내내 색상이 있는 구성표를 만드는 것은 가능하며, 실제로 매우 다양한 색상이 있다. 이는 매우 효율적으로 활용될 수 있으며 일년 내내 좀 더 오래 볼 수 있는 배경을 만들고 꽃은 필수품이 아닌 보너스가 될 것이다.

색상판

색상판은 창의적인 영감을 찾을 때 유용한 도구이다. 아이디어를 자유롭게 실험할 수 있다. 하나를 만들려면 좋아하는 그림, 털실 뭉치, 심지어 찻잔과 같이 순전히 색에 의해 선택하여 좋아하는 물건을 모아라. 그것들을 함께 배열하고 사진을 찍어 참고용으로 보관하라. 또는 잡지, 카탈로그 및 인터넷에서 인쇄한 식물이나 아이디어의 이미지를 수집하여 큰 종이나 카드에 붙인다.

함께 잘 어울리는 색상을 선택하면 꽃, 잎, 줄기 또는 나무껍질 등 정원을 위한 항목으로 변환할 준비가 된 것이다. 정원내 생육 조건에 맞는 식물만 선택하여 보드의 색상을 사용하여 포함하고 싶은 식물 목록을 만들라. 계절마다 무언가를 포함해야 한다.

색은 주관적이고 감정적이므로 정원 디자인에서 강력한 도구가 될 수 있다. 색은 즐거움이자 어려움일 수 있고, 특히 자연 소재로 작업할 때는 어떤 형태의 창의성이라도 마찬가지이다 자연은 항상 예상치 못한 결과를 낳는다. 중요한 것은 자연을 가지고 무엇을 하느냐이다.

다음 장에서는 정원을 형성하고 정의하는 데 식물이 하는 역할을 살펴보고, 이를 통해 장식적 요소를 위한 견고하고 실용적인 구조를 마련하고자 한다.

샘플 보더 The Sample Border

색상 보드는 재배 조건, 식재 스타일, 기능 등의 다른 모든 기준과 함께 디자인 간략서를 작성하는 데 사용된다. 그런 다음 디자인 개요에 맞는 식물을 선택할 수 있다. 프로세스가 어떻게 운영되는지 보여주기 위해 전반적인 아웃트라인에 대한 시나리오를 만들며, 6장에서 이러한 식재 계획을 완성하는 프로세스에 따라 진행된다.

브리핑 The Brief

정원의 토양산도가 중성인 배수가 잘되는 사질 양토이며, 가장자리는 하루 종일 바람과 햇살을 피할 수 있다. 그 가장자리의 위치는 부엌 문 옆에 있어서, 집 안에서 볼 수 있으므로 일 년 내내 멋진 모습을 유지해야 한다. 식재에는 요리를 위한 약간의 허브가 포함되어야 하며 스타일은 약간은 강렬하게 인상적인 모양과 함께 자연스러워야 한다. 색 구성표는 노란색, 보라색, 흰색 꽃과 함께 부드러운 회색과 녹색을 사용하여 예쁘지만 정교한, 약간의 드라마틱함을 위해 어두운 잎을 사용할 수도 있다.

계절	교목	덩굴식물과 벽 관목(만경목)	상록관목	낙엽관목	상록 숙근초, 양치식물, 과식물(잔디류)	낙엽 숙근초, 양치식물, 벼과식물(잔디류)	일년생 또는 이년생 초화류	계절(성) 구근류
봄	*Amelanchier lamarckii* (준베리)	*Clematis alpina* (알피나 클레마티스, 자주종덩굴) *Ceanothus* 'Italian Skies'(케아노투스, 캘리포니아라일락) *Clematis montana* 'grandiflora' (수구등, 아네모네 클레마티스)	*Myrtus communis* (은매화) *Magnolia stellata*(별목련) *Rosemary officinalis* (로즈마리)	*Deutzia gracilis* (애기말발도리) Spirea 'Arguta' (조팝나무) *Syringa vulgaris* 'Charles Joly' (라일락) *Elaeagnus* 'Quicksilver' (보리수나무)	*Epimedium* x *youngianum* 'Niveum' (삼지구엽초)	*Iris* 'Sable' *Iris pallida* 'Variegata' (붓꽃) *Pulmonaria officinalis* 'Sissinghurst White' (폐병풀)	*Cerinthe major* (세린데 메이저) *Aquilegia alpina* (매발톱)	*Tulip* 'Spring Green' (튤립) *Daffodil* 'Tete-a-Tete' (수선화)
여름	*Cornus kousa* 'China Girl' (산딸나무)	Rose climbing 'Iceberg' (덩굴장미) *Clematis* 'Alba Luxurians' *Clematis* 'Perle d' Azur' *Trachelospermum jasminoides* (털마삭줄)	*Lavender* 'Hidcote' (잉글리수라벤더) *Ceanothus* 'Autumn Blue' (케아노투스, 캘리포니아 라일락) *Cistus* x *corbariensis* (키스투스) *Salvia officinalis* (세이지) *Convovulus cneorum* (콘볼불루스 크네오룸)	*Philadelphus coronarius* 'Variegatus' (매화공목) *Rosa* 'Glamis Castle' *Rosa* 'Graham Thomas' (장미류) White Hibiscus (흰히비스커스) *Perovskia* 'Blue Spire'(러시아 세이지)	*Stachys byzantina* 'Big Ears' (람스이어) Libertia 'grandiflora' (리베르티아)	*Pennisetum orientale* (오리엔탈 분수풀) *Centaurea montana* (몬타나 수레국화) *Dianthus* 'Mrs Sinkins' (패랭이꽃) *Eryngium alpinum* (에린지움 알피눔) *Geranium himalayense* (제라늄 히말라이엔스) *Kniphofia* 'Little Maid' (니포피아) *Lychnis coronaria* 'Alba' (우단동자꽃)	*Convolvulus sbatius* (메꽃)	*Lillium regale* (리갈 백합)
가을		*Passiflora caerulea* 'Constance Elliot' (시계꽃) *Parthenocissus henryana* (중국담쟁이덩굴)	*Hebe* 'Autumn Glory' (헤베) *Buddleja davidii* 'Empire Blue' (부들레야)	*Perovskia* 'Blue Spire'(러시아 세이지)	*Melianthus major* (멜리안투스) *Fuchsia* 'Hawkshead' (퓨시아, 바늘꽃, 후쿠시아)	*Anemone* x hybrida 'Honorine Jobert' (바람꽃, 아네모네) *Verbena bonariensis* (버들마편초)	*Nicotiana sylvestris* (실베스트리스 꽃담배)	*Dahlia* 'White Ballet' (다알리아)
겨울		*Chaenomeles speciosa* 'Nevalis' (산당화) *Garrya elliptica* (엘립티카 가리아, 해안실크술)	Box balls (회양목) *Sarcococca humilis*(사르코코카)		*Astelia chathamica* (은창)			Snowdrops (스노우드롭, 설강화)
연중	Weeping pear (수양배나무)	*Hedera helix* 'Eva' (양담쟁이)	*Euonymus fortunei* 'Silver Queen' (줄사철나무) *Choisya* 'Aztec Pearl' (코이시아, 멕시코 오렌지) *Hebe albicans* (헤베) *Osmanthus* x *burkwoodii* (부륵우드목서) *Pittosporum* 'Garnettii' (돈나무)		*Cortaderia selloana* 'Pumilla' (코르타데리아 셀로아나) *Cotoneaster franchettii* (코토네아스테르 프란체티) *Astelia chathamica* (은창) *Hemeborus argutifolius* (아르구트폴리우스 헬레보루스,) *Lamium maculatum* 'White Nancy' (라미움 마쿨라툼, 꿀풀)			

적용 가능한 식물 목록을 구성하는 데 도움이 되도록 다양한 식물 내역과 계절을 보여주기 위해 표로 작성했다. 선택한 식물은 색상 측면에서 적합하며, 모두 정원의 생육 조건에 잘 맞게 된다.

05 정원에서 식물의 역할

통일된 정원 만들기, 구조용 식물과 관상용 식물 사용, 향기, 색상, 모양, 그리고 질감을 정원에 도입하기

울타리, 다듬은 수목, 다년생 식물이 이 정원에서 아름답게 어우러져 있다.

우리 모두는 식물이 모든 정원에서 부드럽고 다채로운 요소라는 것을 알고 있다. 그들은 다양한 역할을 수행한다. 드라마틱하게 시선을 사로잡거나, 수줍어하여 뒤로 물러나 보일 수 있으며 기분 좋은 모양과 색상으로 편안함을 주거나, 또는 밝은 색상으로 정원에 에너지를 줄 수 있다.

우리는 이러한 특징을 위해 좋아하는 식물을 사용하는 데 익숙하지만, 그 식물은 훨씬 더 큰 역할을 할 수 있다.

OPPOSITE PAGE:
울타리의 틀안에는 관상용 식물이 식재되어 있다.

정원에서 식물의 역할

- 초점 역할
- 구조적 요소 제공
- 정원 주변 경로 결정
- 그늘을 제공
- 향기와 색상을 추가
- 계절감
- 원치 않는 경관 차폐
- 보기 좋은 경관을 강조
- 공간과 볼륨을 만들어 정원이 밋밋하고 재미없어 보이지 않도록 함
- 가장 기본적이고 전통적인 역할을 하는 과일과 채소를 제공한다.

키친가든에 있는 허브와 야채

통일된 정원 만들기

전체 정원을 위한 다양한 유형의 식재에 대해 생각하는 것은 부담이 될 수 있다. 처음에는 정원의 작은 공간을 감당할 수 있는 크기로 계획하는 것이 더 쉬워 보일 수 있다. 그러나 이로 인해 종종 서로 연관성 없는 정원의 다른 부분이 생기고 결국 조화보다는 불협화음을 일으키는 다소 산만한 식물 집합으로 치닫게 된다.

정원은 작업할 전체 영역의 계획으로 시작하면 훨씬 더 잘 될 것이다(1장 참조). 진행하면서 식물에 대한 지식을 확장하고 정원에서 잘 자라는 식물 유형에 대해 더 많이 배우게 된다. 여러 식물을 함께 배식하는 감각이 없더라도 걱정하지 말자. 그런 과정에서 기술을 배울 수 있다. 하지만 완전한 초보자라면 그 과정에서 어느 정도의 시행착오가 있을 수 있다.

정원의 크기에 관계없이 어려움이 있을 수 있다.

부드러운 녹색과 흰색 식물은 깔끔하게 전정된 관목과 대조될 수 있도록 보행로 가장자리에 사용한다.

많은 요소를 작은 정원에 맞춰야 할 수도 있으며, 문제가 더 잘 드러날 수 있어서 속속들이 잘 연결해야 한다. 반면에 넓은 정원을 가꿀 때도 어려움이 있다. 공간을 어떻게 나누고 서로 다른 장소에서 어떤 식물이 잘 자랄지 상상하기 어려울 수 있다. 좀 더 넓은 정원은 종종 더 다양한 방향과 토양을 가지므로 식물에 대한 더 많은 지식이 필요하다.

식물이 정원에서 어떤 역할을 할지 선택하는 가장 간단하고 효과적인 방법은 식물을 구조용 식물과 관상용 식물로 나누는 것이다.

구조용 식물

이름에서 알 수 있듯이 구조용 식물은 정원 구성의 주요 역할을 한다. 그들은 관상용 식물의 잎과 꽃이 더 이상 존재하지 않는 겨울에 볼거리를 제공한다.

관상용 식물과 구조용 벼과식물의 가장자리

흑백 버전은 구조용 식재가 어떤 역할을 하는지 명확하게 보여준다.

구조용 식물이 할 수 있는 일

- 정원을 구획화한다.
- 프라이버시를 위해 영역을 둘러싼다.
- 강한 바람과 같은 요소로부터 보호
- 영구적인 구조 제공
- 보기 좋지 않은 경관 가리기
- 경계를 표시
- 출입문 알림
- 관상용 식물의 배경으로 사용
- 서식지를 제공하여 야생동물 부양
- 정원 주변의 흐름을 유도
- 선택한 정원 스타일을 향상

높낮이의 변화를 나타내는 계단 바닥의 구조적 식물

구조용 식물은 정원에서 정말 중요한 역할을 하고 있다. 공간을 둘러싸거나 경로를 안내할 수 있다. 심지어 이 식물들은 정원 둘레의 이동속도를 조절할 수도 있다. 그들은 한 번에 모두 볼 수 없도록 정원의 일부 영역을 가리거나 정원에 인접한 공간을 거른 경관을 보게 함으로 신비감을 만들고 방문자가 더 찾도록 유도하는데 유용하다.

주요 식물

주요 식물은 종종 상록수로, 독특하고 변함없는 모양을 가진 채 강한 선을 가지고 있다. 그 자체로 가장자리 또는 초점 중간에 느낌표 역할을 할 수 있다. 그러나 너무 많이 사용하면 강조가 사라지므로 자제해야 하며 디자인을 단순하게 유지하는 것이 필수적이다. 모든 구조적 요소와 마찬가지로 주요 식물의 크기는 전체 정원의 규모와 그들이 수행해야 하는 역할에 따라 다르다. 큰 나무일 수도 있고 작은 관목일 수도 있다. 크기가 전부는 아니며 모양이 중요하다.

주요 식물은 정원의 기하학에 기여하며, 기능을 강조하고 (예를 들어 울타리의 돌개구멍을 통해) 시야를 모아 정원 내부 또는 정원 외부의 초점으로 시선을 이끈다.

효과적으로 촛점 식물을 만드는 은창*Astelia chathamica*

바람직한 주요 식물의 사례

모든 나무 : 높이를 부여

토피어리 : 모양과 크기

헤베 : 돔 모양의

왜성 진달래 : 돔 모양의

돈나무 : 높은 돔 모양

은창 : 뾰족한 부채 모양

주니퍼 '스카이 로켓' : 키가 큰 기둥 모양

팜파스 그라스 : 아치 모양

나무

나무는 순전히 크기와 부피 때문에 구조적 식재로서 분명한 사례이다. 그들은 다른 식물이 할 수 없는 방식으로 높이와 부피를 제공함으로써 디자인에서 중요한 수직적 요소이다. 가을과 겨울에는, 알록달록한 잎과 열매로, 봄이나 여름에는 향기로운 꽃으로 계절을 강조할 수 있다. 그들은 화창한 땡볕에 그늘을 제공하고 새와 곤충에게 서식지, 먹이원 및 산란처를 제공한다.

나무의 분명한 기둥 모양 외에도 수평면에 주의를 끌 수 있는 변형이 있다. 근본적으로 함께 엮인 한 줄기의 나무에 울타리 효과를 주기 위해 조심스럽게 가지치기를 한다. 이들은 형태를 보여주지만 여전히 주된 줄기를 통해 볼 수 있다. 당신이 이들에게 딱 맞는 위치를 가지고 있다면 투자라고 생각하라. 모양을 유지하기 위해 연간 전정이 필요하다. 유인된 과실수는 공간을 거의 차지하지 않고 작은 정원에 적합한 모양으로 자라도록 조절되었다. 그들은 대목에 접붙여졌기 때문에 큰 나무로 자라지 않을 것이다. 외대 가꾸기Cordons는 인기있는 유형이다. 여름철 가지 치기에 의해 억제되어 45도 각도로 자라는 단일 줄기가 있다. 생산성을 높여줄 뿐 아니라 모양도 정원에 구조감을 더해준다.

더블 U 코드 외대가꾸기cordon 과실수는 장식용 칸막이를 만든다.

버들잎배*Pyrus salicifolia* 'Pendula'**는 그 자체로 존재감을 보여 준다.**

선택의 폭이 넓고, 성숙한 대형목은 장기간 주변에 큰 영향을 미치기 때문에 결정을 쉽게 내려서는 안 된다. 장소에 가장 적합한 나무와 다 큰 나무의 모양이 어떤 영향을 미칠지 시간을 내어 신중히 고려하라. 늘어지는 모양의 나무는 원추형 모양의 나무보다 더 많은 공간을 차지하는 반면 수관이 넓은 나무는 평균적인 공간을 차지한다. 상록수는 연중 동일한 모양을 가지고 있어 이상적일 수 있지만 지배적인 영향을 미치고 계절적 변화가 거의 없다. 이는 입구를 강조하거나 보기 흉한 경관을 차폐하는 것과 같은 일부 상황에서는 완벽할 수 있지만 작은 주정과 같이 적합하지 못한 상황에서는 그러한 나무가 답답하게 보일 수 있다.

성숙했을 때의 크기, 토양 및 방위 선호도에 따라 정원에 가장 적합한 나무를 선택하라. 건물과 나무의 근접성보다 더 중요한 것은 나무의 뿌리도 고려해야 한다.

우리는 대부분 작은 정원을 가지고 있기 때문에 아름다울 뿐만 아니라 유용한 작은 관상용 나무에 대한 수요가 많다.

작은 관상용 나무

Arbutus unedo (딸기나무) : 최대 8m 높이, 상록수, 계피색 껍질, 붉은 열매

Amelanchier lamarckii (준베리) : 높이 10m까지, 4월에 흰 꽃이 피고 가을빛을 띤다.

Cornus kousa var. *chinensis* (중국산딸나무) : 최대 7m 높이, 6월에 매력적인 흰색 포엽

Sorbus 'Joseph Rock' (마가목) : 높이 10m, 6월에 흰색 꽃, 가을에 호박색 열매

Styras japonica (때죽나무) : 8m 높이, 6월에 흰 꽃이 핀다(참고: 제시된 수고는 단지 참고일 뿐이며 성장은 토양 유형 및 방향과 같은 각 정원 고유의 다른 요인에 따라 달라질 수 있다.)

울타리

울타리는 중요한 구조적 역할을 하며 정원의 녹색 벽으로 생각할 수 있다. 영역을 정의하고, 공간을 울타리로 두름으로써 정원의 흥미로운 곳에 대한 호기심이 생기게 된다. 속이 꽉 찬 상록 울타리는 정원의 구역을 구분하는 완전한 차폐를 제공하는 반면, 낙엽 또는 반낙엽 울타리는 그 너머에 있는 것을 어느 정도 볼 수 있게 한다.

울타리는 노출된 정원의 풍속을 제어함으로써 바람을 여과하여 울타리 반대편의 난기류를 방지한다. 토양 안정화가 문제인 경우 토양을 언덕에 유지하기 위한 침식 방지책으로 사용할 수 있다. 그들은 벽과 같은 딱딱한 시설물과 비슷한 방식으로 구조를 제공하지만 벽돌보다 더 부드럽고 질감이 더 좋으며 더 많은 유지 관리가 필요하지만 훨씬 저렴하다. 예산이 한정되어 있고 인내심이 있다면 가을에 구할 수 있는 작은 울타리 식물을 선택하고 자라기를 기다려라.

사용하는 식물의 종류는 정원의 스타일을 높인다. 예를 들어 주목은 깔끔하고 말쑥한 모양으로 전정할 수 있다. 그것은 품격을 보여줌으로서 정형적이고 위엄있는 주거환경에서는 쥐똥나무보다 전정한 주목 울타리를 주목할 가능성이 더 크다. 전정한 울타리는 비

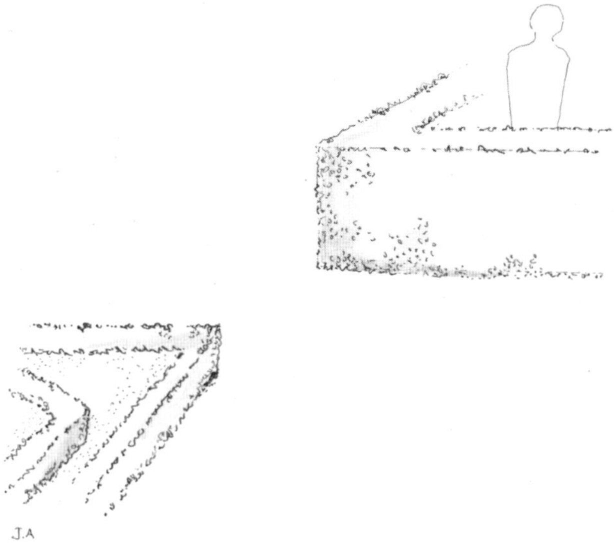

울타리는 정원의 영역을 정의하고 둘러싼다.

정형적인 물결 모양의 울타리보다 공간을 적게 차지하며 길 근처와 같은 제한된 지역에 더 적합할 수 있다.

서어나무속과 같은 더 큰 잎이 달린 품종은 특히 겨울에 더 자연적인 모양과 덜 단단한 모양을 가진다.

너무 높아서 볼 수 없을 정도로 길 양쪽에 있는 울타리는 앞으로 나아가게 한다. 결국, 멈출 이유가 없다. 그러나 길 끝에 도달했을 때 기대감은 보상을 받아야 한다. 정원의 이전 공간과는 다른 예상치 못한 다른 무언가, 아마도 아름다운 전망, 조각품 또는 흥미로운 나무일 수도 있다.

더 낮은 울타리는 시야를 완전히 막지는 못하지만 여전히 울타리 같이 감싼 느낌을 주거나 바람을 피할 수 있는 장소를 제공하여 사생활 보호를 받을 수 있다. 앉은 사람의 경우 사생활 보호를 위해 높이가 120cm이면 된다. 이러한 방식으로 공간을 관리하는 것은 크고 작은 정원 모두에서 잘 적용된다. 전체 정원과 그 경계는 한꺼번에 볼 수 없다. 경계가 어디에 있는지 모르면 정원의 크기와 모양을 즉시 알 수 없다. 입구 양쪽에 잘생긴 한 쌍의 구조적 식물을 사용하여 정원의 다른 공간으로 가는 길을 알릴 수 있다. 높낮이의 변화를 보여주는 단계별 공간을 표시하기 위해 미학적으로 또는 실용적으로 사용할 수 있다.

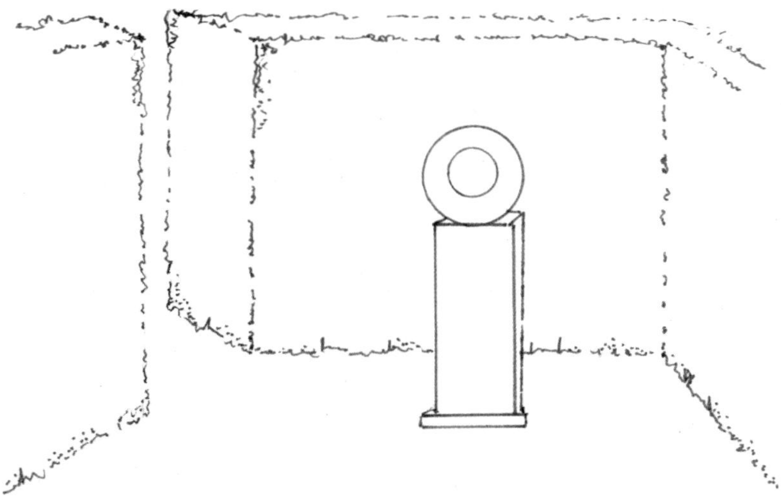

울타리의 높이는 정원을 어떻게 사용할 수 있는지에 영향을 미친다. 높은 울타리로 둘러싸인 길은 방문자를 앞으로 나아가게 한다. 조각은 초점을 제공한다.

울타리용 식물

일반명	식물학명	이용
서양주목	*Taxus baccata*	상록수, 정형식 전정 모양; 토피어리
유럽서어나무	*Carpinus betulis*	반상록, 정형식이거나 부드러운 비정형식 모양으로 전정할 수 있다. 좀 더 큰 잎이므로 말쑥하게 전정한 마무리는 아니다.
왕쥐똥나무	*Ligustrum ovalifolium*	빠른 성장, 반상록; 정형식으로 사용할 수 있지만 모양을 유지하려면 자주 전정해야 한다.
월계수	*Prunus laurocerasus, Prunus lusitanica*	크고 광택이 나는 상록수 잎을 가지고 있으며 매우 빨리 자란다.
인동	*Lonicera nitida*	빠르게 자라는 상록수로 토피어리로 사용되는 정형식 모양으로 전정할 수 있다.
회양목	*Buxus*	상록수, 정형식 전정형
피라칸타	*Pyracantha*	겨울에 상록수로 색깔이 있는 붉은 열매, 가시가 매우 많음, 가장자리에 좋음

관상용 식물

관상용 식물은 우리가 식물을 생각할 때 대부분 마음에 떠오르는 것들이다. 그것들은 장식, 색상, 잎, 향기, 소리 및 질감을 제공한다 그것들은 단풍나무의 빛나는 가을 색이나 아름다운 향기가 나는 장미를 연출할 수 있어, 일년 내내 정원이 다르게 보이도록 한다. 관상용 식물은 대부분 일시적이며 정원의 필수적인 요소이긴 하지만 구조용 식물과 균형을 이루어야 한다.

식물이나 구조물에 있어서 정원의 구조를 명확하게 이해하고 어떻게 수행할지 계획을 세우면 식재하고자 하는 관상용 식물에 대해 생각할 수 있다. 이 식물은 식재에 역동성과 다양성을 제공하여 일년 내내 경관이 바뀌고 계절을 더 잘 알아차리게 한다.

겨울에는 색상 및 향기와 같은 흥미로운 하이라이트를 계획하라. 향기는 정원에서 자주 사용되지 않지만 서향daphne과 같이 검증된 식물로 겨울에 분위기를 더하고 정신을 고양시키는 중요한 요소이다.

핑크색 코스모스cosmos**와 아가판서스**agapanthus**가 섞인 장식적인 가장자리**

봄 구근의 반가운 시작은 우리에게 겨울이 끝나고 있음을 보여주고, 구근이 죽을 때 즈음 솜씨 좋은 계획으로 그 자리를 대신할 흥미로운 무언가가 있어, 이러한 것들이 일 년 내내 계속된다.

향기

우리의 감각을 활용하면 종종 간과되는 또 다른 차원이 추가된다. 향기는 매우 자극적이며 다른 시간과 장소에 대한 강력한 기억을 떠올릴 수 있다. 우리의 감각과 식욕은 모두 냄새의 영향을 받는다. 로즈마리 덤불을 스치면 즉시 구운 양고기가 떠오른다. 대부분의 향기는 기분 좋은 반면 커리플랜트*Helychrisum angustifoleum*과 같은 이질적인 향은 어떤 사람에게는 너무 강하고 불쾌할 수 있다. 향기는 모든 식물에게 무한으로 제공되는 것은 아니다. 더 밝은 색상의 꽃은 수분 매개체를 유인하기 위해 향기가 필요하지 않으므로 종종 옅은 색상의 꽃이거나, 향기에 의존하는 겨울에 작고 보잘것없는 꽃을 피우는 식물들이다.

짧은 겨울은 사르코코카*Sarcococca* 또는 인동덩굴*Lonicera purpusii*과 같은 관목의 자극적인 향기로 기분이 좋아질 수 있다. 매일 즐길 수 있도록 정문 근처에 심자. 사르코코카는 밝은 곳과 반그늘에서 잘 자라지만 심을 위치의 방향도 고려해야 한다는 것을 기억하라(또한 3장 참조).

색상

색상은 우리의 감각과 기분에 영향을 미치는 정원의 귀중한 부분이다. 그러나 그것은 또한 일시적이라 주요 주제로 완전히 기대할 수 없다. 위에서 논의한 구조적 디자인 원칙이 정원의 기초가 되어야 하며 정원을 향상시키는 데 사용되는 색이 있어야 한다(색은 매우 큰 주제이므로 해당되는 장이 있다. 4장을 참조하라).

색은 식재 디자인에서 중요한 역할을 한다.

잔디

잔디를 생각하면 즉시 식물로 떠오르지는 않는다. 그럼에도 불구하고 그것은 식물이며 다른 것과 마찬가지로 어디에 어떻게 사용될 것인지에 대한 생각이 필요하다. 작고 그늘진 정원에 잔디를 심지 않는 것이 실용적이고 바람직할 수 있지만 잔디는 많은 정원에서 중요한 부분이다. 그것은 정원 공간의 '바닥'이 될 수 있고, 식물과 건물을 위한 편안한 녹색 배경이 될 수 있으며 아이들이 놀 수 있는 곳이 될 수도 있다.

잔디에는 좋은 특성들이 많지만 특히 완벽한 잔디를 원하는 경우 유지관리에 많은 시간이 소요될 수 있다. 잔디는 일년 내내 일주일에 한 번 깎아야 한다. 그것은 영국의 일부 지역에서 겨울에도 계속 자란다. 잘 계획되고 심겨진 가장자리는 주의를 훨씬 덜 요구한다. 잔디는 잡초를 제거하기 위해 많은 화학 물질을 소비할 수 있으며, 나무 아래와 같이 어려운 공간에서 잔디가 자라도록 애쓰는데 귀중한 시간을 내어주어야 한다. 정원의 모든 식물과 마찬가지로 잔디가 잘 자라지 않는 일부 공간이 있다.

정원 배치를 설계할 때 가장자리가 설정된 후 남은 공간에 잔디를 계획하지 않도록 주의하라. 또는 반대로, 잔디가 계획되고 표시했을 때 정원에 남은 공간으로 경계를 형성한다. 정원의 모든 구성 요소(경계, 잔디, 길, 파티오)는 서로 비례해야 하며 단순히 빈 공간으로 만들어서는 안 된다.

덩굴식물

식재를 계획할 때 가려야 할 정원의 일부가 있을 것이다. 왜냐하면, 매력적이지 않은 지역이거나, 이웃 주택으로부터 어느 정도의 사생활이 요구되는 정원의 일부이거나, 단순히 평화와 조용함을 즐길 수 있는 한적한 장소이기 때문이다. 덩굴식물은 이를 위해 아주 좋으며 정원에 좀 더 다양한 범위의 식물을 도입할 수 있는 기회를 제공한다. 그 식물들은 트렐리스, 빈 울타리 또는 벽을 기어오르거나 나무 위로 올라갈 수 있다.

덩굴성 식물은 수직적인 식재에 색상, 향기, 모양 및 질감을 도입할 수 있다. 여름에는 장미와 인동덩굴honeysuckle의 자극적인 향기를, 가을에는 담쟁이덩굴vine의 불 같은 색과 질감을 생각해 보라. 그것들을 조합하여 계절적 흥미를 확장시킬 수 있다. 고전적인 조합은 봄에 피는 클레마티스와 초여름에 피는 장미이다.

덩굴식물은 식물을 위한 공간이 많지 않은 작은 정원에서 특히 유용하다.

덩굴식물

이름	꽃	위치	높이
쥐다래 *Actinidia kolomikta*	작은 흰색, 6월	밝은 남서향	5-6m
으름덩굴 *Akebia quinate*	마룬 향, 3-4월	양지/음지, 모든 향	6-8m
베르베리돕시 *Berberidopsis corallina*	진홍색을 띤 상록수, 7-9월	그늘진 남서향	5-7m
퍼플 애플베리 *Billardiera longiflora*	푸른 꽃/푸른 열매를 맺은 상록수, 7-9월	양지 남향	2-3m
헤데라 *Hedera*	새와 곤충이 좋아하는 식이식물	양지 또는 음지	2-3m
재스민 *Jasminum officinale*	향기로운 흰색, 6-9월	양지 남,서, 동향	5-6m
인동 *Lonicera x americana*	향기로운 분홍빛 크림색, 늦여름	모든 향, 하지만 깊은 그늘에서 꽃이 잘 피지 않음	6-7m

환경조건이 식물에 적합하고 다 자란 크기가 문제가 되지 않는지 확인하라. 실용적인 측면에서 덩굴식물이 직접 붙어서 자라면 구조물을 칠하거나 착색하기 어렵다는 점을 기억하라. 페인팅이 진행되는 동안 일시적으로 분리될 수 있는 격자 또는 강한 와이어에 부착하는 것이 좋다.

빛과 그림자

정원의 즐거움 중 하나는 끊임없이 변화한다는 것이다. 식물은 싹이 나서, 자라고, 꽃을 피우고, 과일, 열매 및 씨앗을 생산하며, 여름에는 정원이 거의 매일 바뀐다. 자연광과 그림자는 쉽게 간과할 수 있는 식재의 미묘한 측면이다. 매우 밝은 햇빛은 식물의 부드러운 색조를 표백시키는 것처럼 보일 수 있으나, 저녁 햇빛은 여름에 식물을 역광으로 비추고 빛나게 하는 데 유리하게 사용될 수 있다. 서쪽 벽 앞에 대나무를 심으면 저녁 햇살에 그림자가 벽을 가로질러 춤을 춘다.

빛과 그림자가 일년 중 어떤 시기에 정원에 영향을 미치는지 알아야 식물을 선택할 때 최상의 효과를 얻을 수 있다. 인공 조명을 사용하여 유사한 방식으로 그림자를 만들 수 있을 뿐만 아니라 경로, 계단 및 입구를 강조하는 실용적인 적용 기법을 사용할 수 있다.

자연광은 그림자를 만들어 멋진 효과를 만들어 낸다.

06 식물 선택 및 배치

식물 선택, 기존 식물, 식물 형태 작업, 계획 마무리, 그리고 구매 목록 작성

식재 디자인에서 식물이 어떻게 자라는지, 생활사 및 자생지에 의해 어떻게 영향을 받는지에 대한 이해는 대단히 유용한 정보이다. 이번 장에서는 내려야 할 결정에 대해 좀 더 자신감을 높여 주는 데 도움이 될 것이다. 가장 큰 혜택은 식물이 정말로 자라고 싶어하는 올바른 조건만 제공하면 된다는 것이다.

인간에 의해 훼손된 곳을 제외하고는 세계 거의 모든 지역에 식물 군집이 자리 잡고 있다. 벌거벗은 땅은 곧 그 위에 식물이 자랄 것이고, 그 지역을 신경 쓰지 않고 자라도록 내버려둔다면, 이 식물 군집은 환경조건이 변함에 따라 적응하고 자랄 것이다. 작은 식물이 먼저 자라면서 더 크게 자라 그늘을 만들 수 있는 다른 식물과 같이 자란다. 이로 인해 성장을 위해 더 많은 빛이 필요할 수 있는 일부 자생식물이 죽게 된다.

새와 바람이 식물 종자를 현지로 가져오고 더 많은 종류의 식물이 자라기 시작하면서 식물군락은 시간이 지남에 따라 번성할 것이다. 각 식물은 자생지에서 사용할 수 있는 빛과 자원을 놓고 경쟁한다. 그들은 주변 조건에 적응하는 능력에 의존하며, 그 위치에 적응한 종들만이 살아남을 것이다. 이것이 일부 식물이 우리의 도움을 거의 받지 않고 잘 자라는 이유이며 이상적으로는 우리가 정원에 선택하려는 식물 유형이다.

OPPOSITE PAGE: 식재 디자인은 땅에 몇 개의 식물을 심는 것보다 훨씬 더 많은 식물을 심는 것이다.

식물 선택

어떤 식물이 잘 자랄까?

자연에 거스르지 않고 자연과 함께 정원을 만드는 것이 올바른 식물을 선택하는 핵심 요소이다. 야생에서 식물이 자라는 어떤 장소는 우리 정원의 조건과 유사할 수 있으며 이러한 정보를 활용하여 적절한 식물을 선택할 수 있다. 해변은 매우 건조할 수 있으며 바람을 피할 수 있는 곳이 거의 없다. 이러한 환경조건은 옥상정원이나 건조한 토양이 있는 정원과 유사하다. 은색 잎, 좁게 말린 잎 또는 질긴 잎을 가진 대부분의 식물은 이러한 조건에서 잘 자란다.

많은 양치류는 내한성이 높고 실패율이 낮으며, 잘 자란다.

은색 잎은 수분을 보호하고 가두는 미세한 털이 있는 반면, 좁은 잎은 수분을 잃을 표면적이 더 작다.

식물 이름은 식물이 자라는 곳을 알려줄 수 있다. 이름의 일부는 자생지 또는 지역을 설명할 수 있다. 예를 들어 동의나물*Caltha palustris* 에서와 같이 늪과 습지의 의미*palustris*, 또는 너도밤나무*Fagus sylvatica*의 숲의 *sylvatica* 등이다.

정원 참고서적 및 식물라벨에서 사용되는 다양한 용어들이 있다. 추위에 강한 식물, 추위에 약한 식물, 서리에 약한 식물 등은 추운 온도에 대처하는 식물의 능력을 나타낸다. 자생지에서 자라는 식물은 해당 지역의 조건에 완벽하게 적응하여 내한성이 있을 것이라고 말하는 것이 맞다. 기후가 더 덥거나 더 추운 기존 지역에서 식물을 가져오는 경우 생존 여부를 알기 위해서는 몇몇 판단과 납득할 수 있는 참고기준이 필요하다.

상록수는 1년 내내 푸르름을 유지하는 식물이며, 낙엽수는 겨울에 잎을 모두 떨어뜨리고 봄에 새 잎이 돋는 식물이다. 반상록 식물은 추위정도에 따라 잎만 떨어지는 식물이다. 온화한 겨울이나 지역에서는 상록수일 수 있다. 매우 추운 겨울이나 지역에서는 대부분의 잎을 잃을 수 있다. 이것을 결정하는 것은 식물이 자생지에서 적응한 기후이다.

작약*Paeonia officinalis*의 약용으로 쓰였음을 나타내는 이름이다.

이것은 정확한 과학은 아니며 사용된 참고자료는 오해의 소지가 있거나 기온이 대륙에 따라 다를 수 있으므로 관련시키기 어려울 수 있다.

예를 들어 영국의 일부 지역에서는 토양이 표면 아래 몇 인치까지 얼지만 다른 온화한 지역에서는 토양이 전혀 얼지 않는다. 이것은 당신이 사는 곳에 따라 땅에서 안정적으로 자랄 수 있는 식물의 종류에 큰 영향을 미친다. 온화한 지역의 미기상을 가진 도시에는 일 년 내내 안정적으로 땅에서 자라는 바나나와 어저귀abutilon과 같이 내한성이 낮은 식물이 많이 있다. 그러나 도시에서 불과 몇 마일 떨어진 곳에는 온실이나 가온 온실에서 키워야 한다.

기존 식물에는 어떤 것들이 있는가?

아무것도 없는 정원은 거의 없으며 새로운 식재 계획에 따라 작업해야 하는 기존 식물은 있을 수 있다. 기존 식물의 유지 여부를 결정하는 것은 새로운 식물을 가져올지 결정하는 것만큼이나 어려울 수 있다.

새로운 집으로 이사했을 때부터 정원에 직접 심었으면 더욱 그렇다. 일부 기존 식물 중 특히 선물이나 삽목 또는 씨앗에서 자란 식물인 경우 감정적 애정을 가질 수 있다. 기존 식물을 그대로 두는 것에 대해 결정하지 못한 경우 다음과 같은 몇 가지 질문을 스스로에게 해보자. 식물이 건강한가? 나는 그것을 좋아하는가? 계획에 맞는가?

식물이 노화, 질병 또는 손상으로 인해 병들고 회복할 가능성이 없다면 가장 좋은 해결책은 식물을 폐기하는 것이다. 정말 마음에 들고 다른 곳에서 찾기가 쉽지 않다면 처리하기 전에 삽목하거나 번식해 보라. 식물이 마음에 들지 않으면 새로운 곳을 찾으라.

새로운 계획에 맞지 않는 경우에도 마찬가지이다. 그것을 통해 기뻐하는 친구, 이웃 또는 자선 단체가 있을 수 있다. 일부 식물은 너무 크거나 뿌리 뻗음이 나빠 이식할 수 없다. 이것들은 폐기해야 한다. 어떤 식물은 새로운 식물로 시작하는 것이 가장 좋다.

- 특히 헤베hebe, 시스투스cistus 및 내한성 허브 - 이들은 오래될 경우 목질이 도장될 수 있고 수명이 짧은 식물들이다. 새로운 식물은 빠르게 성장하고 눈에 거슬리는 것이 아니라 새로운 계획의 자산이 될 것이다. (식물 이식에 대한 조언은 8장 참조)

미래의 기후 변화

기후 변화에 대한 논쟁은 가까운 미래에도 계속될 것이며, 날씨 주기의 변화 때문인지 또는 오존층의 구멍 때문인지는 분명하지 않으나 날씨 패턴이 점점 더 예측 불가능해지고 있다는 사실은 여전히 남아 있다. 좀 더 극단적인 날씨를 예상할 수 있을 것 같다. 더 춥거나, 더 습하거나, 더 덥거나, 더 건조하다. 영국과 같은 섬에서는 하루가 아니더라도 한 계절에 일어날 수 있다. 우리는 우리가 활용할 수 있는 정보와 그 정보에 대한 우리의 이해 정도로 정원을 계획할 수 있다. 모든 훌륭한 정원사는 그들이 알고 있든 없든 물리학, 식물학 및 지질학에 대한 기본적인 이해를 가지고 있을 것이다. 그리고 그들은 항상 내년과 그 다음 해에 다시 시도할 것이라는 것을 알고 있다.

그렇다면 알려지지 않은 것에 대한 계획은 어떻게 해야 되나? 몇 년 전에 우리는 기후가 더 건조해질 수 있어 정원에 내건성 식물을 사용하라는 말을 들었다. 그런 다음 영국의 일부 지역은 기록상 가장 습한 여름을 보냈다. 다음으로 우리는 겨울이 더 따뜻할 것이라고 들었다. 다시 영국의 지역은 20년 동안 가장 추운 겨울을 보냈는데, 이는 정원에 내한성이 낮고, 가뭄에 강한 식물을 사용했던 사람들이 교체해야 할 기존의 죽은 식물이 있다는 것을 의미한다. 노련한 정원사에게 이야기하면 그들은 어렵고 예측할 수 없는 계절에 대해, 잃어버린 식물에 대해, 또한 20년 만에 처음으로 열매를 맺은 식물에 대해 알려줄 것이다. 우리 모두는 배우려는 의지가 있지만 경험으로 뒷받침되는 지식은 매우 귀중하며 습득하는 데 시간이 걸린다. 또한 예측할 수 없는 기후와 계절에 대처하는 열쇠이기도 하다. 일반적으로 영국의 겨울은 습하고 춥다.

믿을 수 있는 호랑가시나무*Ilex* 'Golden King'**과 같은 자생 식물 재배 품종**

이것은 대부분의 식물에게 적합하지 않다.

지중해 식물은 뿌리가 건조해야만 추위에 견딜 수 있다. 예를 들어 올리브 나무는 젖은 토양에만 두지 않으면 서리를 견딜 수 있다. 일부 식물은 일단 자리를 잡은 후에만 서리나 가뭄에 강하기 때문에 뿌리가 발달할 수 있도록 식재 시기가 중요하다(8장 참조).

정원의 구조에 대부분 튼튼하고 적응력이 뛰어난 식물을 사용하면 변덕스럽고 예측할 수 없는 기후로부터 정원을 보호하는 데 도움이 된다. 이국적인 외래식물 대신 자생식물을 사용하거나 회양목, 장미, 매자나무berberis 또는 섬개야광나무cotoneaster와 같은 현지인들이 재배한 식물을 활용하는 것을 고려하라. 이러한 식물은 장점이 많으며 다양한 품종을 선택할 수 있다. 다른 대륙에 자생하는 식물을 고를 때는 예를 들어, 추운 요셔 황무지에 식재하기 위해 열대 우림 식물을 취하거나 사막에 식재하기 위해 참나무를 선택하는 대신 비슷한 지질학적 기후에 적응한 식물을 고른다. 대부분이 단단하고 내구성이 강한 식물로 구성되어 있다면 덜 신뢰할 수 있는 관상용 식물을 계획에 사용할 수 있다. 전체 정원이 아닌, 애지중지한 관리가 필요하거나 만일 실패할 경우, 교체해야 하는 몇 개의 식물만 있는 것이 시간과 예산이 적게 든다.

정원에서 식물이 얼마나 빨리 자랄까?

모든 식물은 성장 속도에 따라 고유한 시간표를 가지고 있다. 우리는 일반적으로 식물의 종류와 원산지에 따라 이것이 무엇인지 조사할 수 있다. 따뜻한 기후의 비옥하고 안온한 환경조건에 적응한 식물은 더 빨리 자라며 더 부드러운 줄기와 더 큰 잎을 가진다. 척박하고 열악한 환경에서 자라는 식물은 더 느리게 자라며 어려운 조건에 더 잘 대처할 수 있도록 더 단단한 줄기와 작은 잎을 낸다. 수생식물과 습지식물은 물과 영양분을 풍부하게 공급받기 때문에 급속한 성장으로 악명이 높다. 그들은 또한 겨울에 뿌리가 물속에서 보호된 상태로 다시 휴면한다. 이는 성장기에 빠르게 자라는 줄기와 잎을 감당할 수 있음을 의미한다.

매년 지상부가 고사하기 때문에 초본성 숙근초, 구근 및 1년생 식물은 꽃 줄기를 생산하는 데 짧은 시간을 보낸다. 그들은 연초에 빠르게 자라며 상록 관목에 비해 많은 성장을 한다. 낙엽 관목은 종종 상록수보다 빠른 속도로 자라며, 봄에 부드러운 새 줄기를 생성하고 수령이 늘어나면서 단단해진다. 연목 또는 경목이라는 용어는 식물이 일년 내내 생산하는 줄기에 적용된다.

연목은 어린 올해의 줄기이고 경목은 1년 이상 된 줄기에서 볼 수 있다.

크고 부드러운 잎을 가진 식물은 작고 거친 잎을 가진 식물보다 더 빨리 자라는 경향이 있다.

빠르게 자라는 큰 식물을 선택하는 경우에도 주의를 기울여야 한다. 왜냐하면 순식간에 자라기 때문이다. 일정 기간 동안 보기 흉한 장소를 가릴 수 있지만 거기서 멈추지 않을 것이다. 그것은 정원 전체와 이웃의 정원을 향해 광란하듯 이동하며, 도중에 다른 식물을 집어 삼킬 수도 있다. 정기적으로 잘라야 하는데 이는 힘든 작업이므로 식물이 꽃을 피우지 않거나 자연적인 모양을 잃게 된다. 약간의 인내심은 큰 보상을 가져다 주므로 공간에 적합한 크기의 식물을 선택하면 천천히 단정하게 크고 관리작업이 줄어든다.

수집 또는 계획된 식재?

어떤 정원사도 식물 수집을 늘리려는 시도를 거부할 수 없다. 정원은 식물을 수집하고 식재하는 모든 것이다. 이전에 재배한 적이 없는 식물이나 씨앗을 본다면 거부하기 어려울 수 있다. 그러나 자신에게 물어보라. 특정 품종이 없기 때문에 원하는 것인가, 아니면 정원의 식재 계획에 맞기 때문에 원하는 것인가? 식물을 기르는 것을 좋아하는 사람에게는 아무리 많은 공간이 있더라도 끊임없는 딜레마이다. 항상 탐내고 원하는 것들이 있기 때문에 결국 어떤 사람들은 전국적인 수집으로 치닫고 새로운 품종을 번식시킨다. 하지만 어떻게 수집가이자 디자이너가 될 수 있는가?

이용 가능한 식물의 범위는 방대하지만 식재 디자인을 더 손쉽게 하려면 이러한 선택을 일정 부분 제한해야 한다. 스타일, 토양 조건 및 기능성이 모두 이를 수행하는 데 도움이 되지만 궁극적으로 정원의 식물을 개인적 수집으로 생각하는 것을 중단해야 한다. 대신 그것들을 전체 체계의 구성 요소로 본다. 모든 것 중 하나를 갖기보다는 정원에 사용되는 다양한 유형의 식물 수를 제한하라. 그렇다고 해서 열정 자체를 억제해야 한다는 의미는 아니다. 정반대이다. 식물로 디자인하면 '수집'에 초점이 맞춰지고 선택에 대한 정당성이 부여되기 때문이다.

디자인할 때 단순함을 위해 5개의 다른 모양으로만 사용하라.

모두 다른 모양의 조합은 산만하고 무질서하다.

식물 모양의 예

반구형Dome	회양목, 헤베*Hebe* 'Great Orme', 수구화나무 *Viburnum plicatum* 'Mariesii', 세덤*Sedum* 'Autumn Joy'
부채형Fan	뿔남천*Mahonia x media* 'Charity', 유포르비아 카라시아스*Euphorbia characias*, 마오란*Phormium*, 많은 양치류
포복형, 수평형 Sprading	조개나물*Ajuga repens* , 제라늄 상귀네움*Geranium sanguinium*, 광대나물 속*Lamium*, 삼지구엽초 속*Epimedium*, 홍자단*Cotoneaster horiontalis*
아치형Arching	부들레야buddleia, 수양버들, 왜조팝나무*Spiraea nipponica* 'Snow Mound', 원추리 속*Hemerocallis*
기둥형, 원주형 Column	대나무, 도송*Juniper communis* , 유크리피아*Eucryphia*, 리시마키아 푼크타타*Lysimchia punctata*, 디기탈리스

식물 형태 작업

먼저 우리는 식물 모양을 본다. 식물이 자라면서 3차원 모양을 만들고 성숙함에 따라 변할 수 있지만 본질적으로 디자인 목적에 따라 모두 모양의 범주에 넣을 수 있다. 관목과 교목은 처음부터 특정 모양을 갖는 경향이 있지만, 초본 숙근초와 같은 식물은 자라면서 변하므로 가장 긴 계절에 식물이 만드는 모양을 적용하라. 식물의 다양성과 여러가지 모양을 볼 때 어떻게 식물이 모두 5개의 간단한 범주에 들어갈 수 있는지 상상하기 어렵지만 좋은 출발점이다.

원리를 이해하면 대부분의 식물에 맞게 모양을 조정할 수 있다. 예를 들어, 마오란phormium과 코르딜리네cordyline와 같이 부채꼴 모양의 식물도 뾰족하다. 회양목은 헤베보다 둥글고 대나무는 원주형보다 키가 큰 아치 모양처럼 보일 수 있다. 궁극적인 목표는 동시에 보이는 다양한 모양의 종류를 최소로 유지하여 단순성을 유지하는 것이다.

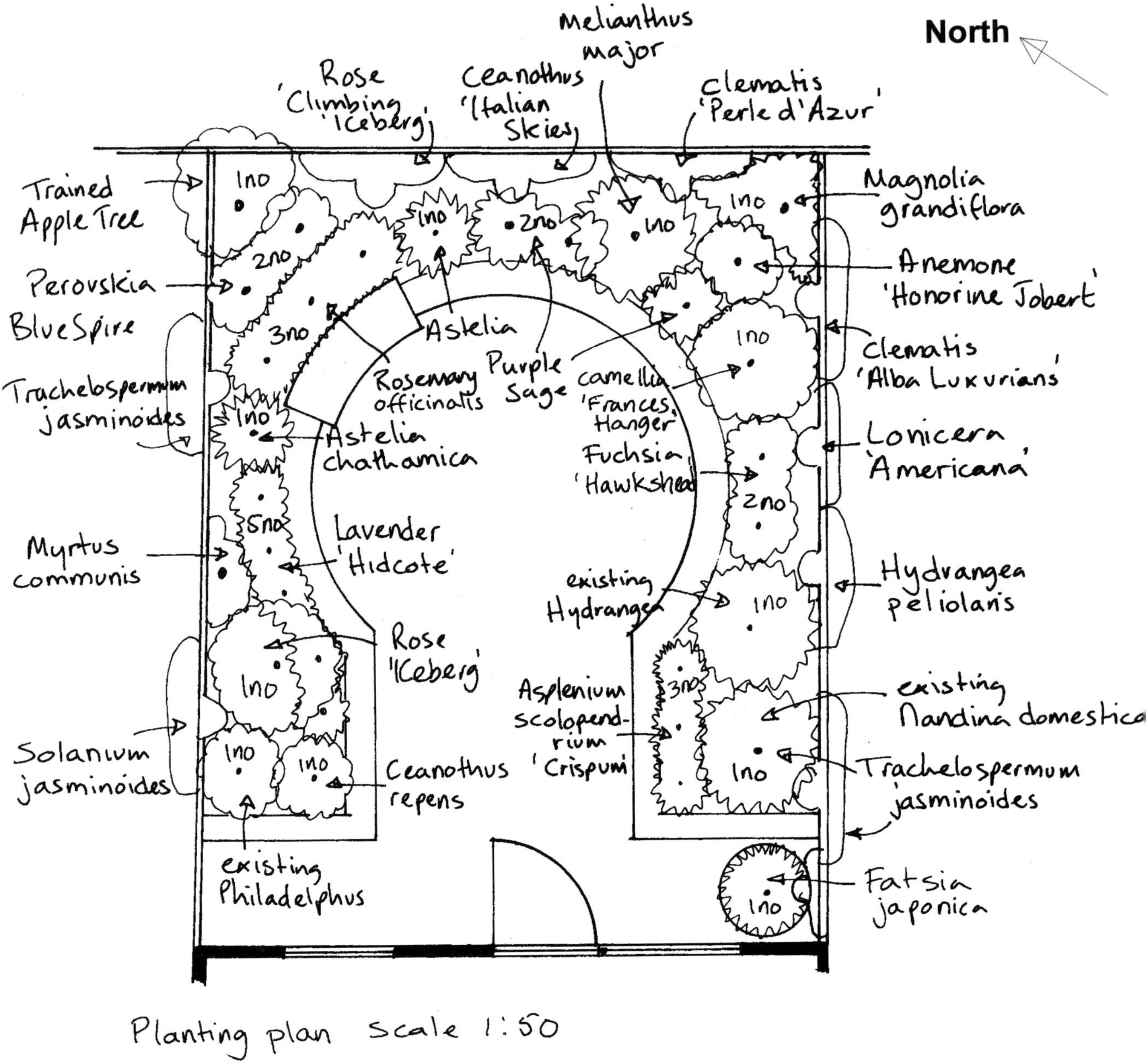

전문적인 식재 디자인의 사례

좋은 식재 디자인을 하려면 다양한 고려 사항과 선택이 필요하다. 일종의 계획을 세우면 모든 정보를 정리하고 이해하는 데 도움이 된다. 이 장의 나머지 부분에서는 이전에 제공된 정보를 적용하여 샘플 디자인 과정을 단계별로 안내한다. 이 공식은 나무, 초원, 정형식 정원 또는 대초원 식재 여부에 관계없이 모든 식재 스타일과 모든 유형의 식물에 적용할 수 있다.

식재 계획에서 함께 쓰여지는 다양한 모양의 식물 수를 제한함으로써 혼돈보다는 조화를 만들 수 있다.

여기에 설명된 식물 모양은 처음에는 제한적이고 그다지 현실적이지 않은 것처럼 보일 수 있지만 작업에 유용한 공식이다. 물론 분류를 거부하는 식물도 있을 것이다. 또는 기존 기후 및 환경조건으로 인해 식물 성장을 예측하지 못할 수도 있다.

모의 배식을 위해 정원 센터를 이용하라.

몇 가지 디자인 아이디어를 시도하는 좋은 방법은 정원 센터나 재배농장에서 화분째로 식물을 활용하는 것이다.
모양을 고려할 때 여기에 언급된 모양을 전형적으로 보여주는 강하고 독특한 모양을 가진 몇 가지 식물을 선택하라. 먼저 하나의 모양을 선택한 다음 다른 모양을 추가하고 어떻게 보이는지 확인한다. 그런 다음 다른 모형을 추가하고 어떻게 보이는지 확인한다. 모양을 계속 추가하고 다양한 조합을 시도하여 어울리는 것과 그렇지 않은 것에 대한 감각을 느껴라.
가능한 색 구성표를 볼 때 이것이 실제로 어울리는지 확인하는 것은 좋은 방법이기도 하다.

서로 다른 모양의 식물을 함께 배치할 수 있는 가든 센터에서 실험해 보라.

가장 간단한 구성은 단 하나의 모양(이 경우 반구형)을 사용한다.

두 가지 다른 모양의 조합은 작업하기 쉽다. 여기에 수평형 및 부채형 모양이 있다.

수평형, 반구형 및 원주형과 같이 최대 세 가지 다른 모양을 함께 사용하라.

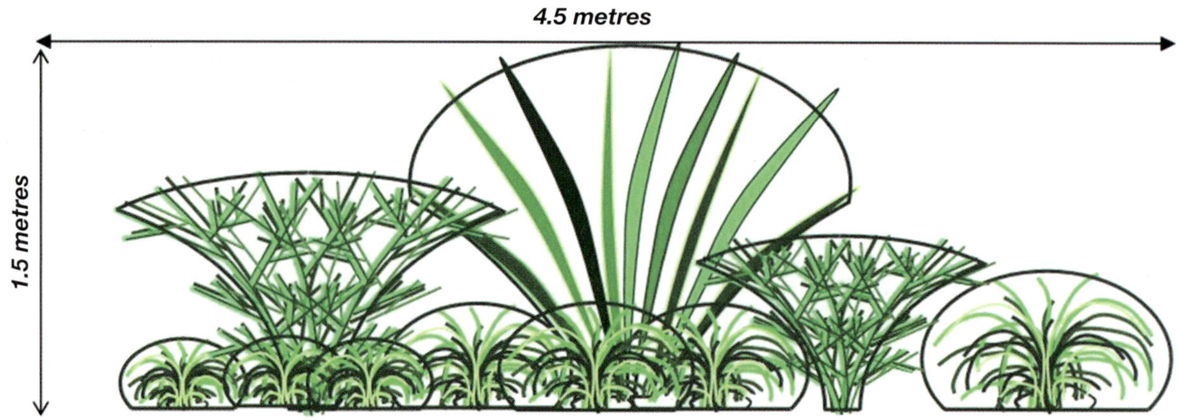

다양한 모양과 크기의 조합

하지만 그렇기 때문에 처음부터 모양을 제한하는 것이다. 식물 모양을 조합하는 데 자신이 있으면 잎 모양과 궁극적으로 꽃 모양을 결합하는 것을 알 수 있다.

이 모든 모양을 한 공간에 함께 사용하여 무질서함과 혼동을 일으키는 대신 두세 가지 모양만 사용하라. 또한 이렇게 하면 개별 식물의 특징이 더 잘 보이고 식재 계획이 단순성과 조화를 이룰 수 있다. 하나의 공간에 3개 이하의 서로 다른 모양을 함께 사용하는 규칙을 적용하는 것으로 성공적인 식재 조합을 훨씬 쉽게 만들 수 있다. 이것은 혼합식재 경계, 나무, 용기 화분 또는 연못의 식물 등 모든 유형의 식재에 적용할 수 있다. 식물 모양이 단순하고 서로 어울린다면 이외의 모든 것들은 저절로 따라오게 된다. 그러나 모양이 너무 복잡하면 색상, 질감, 잎 및 꽃 등의 다른 모든 요소를 잘 배식하는 것이 매우 어려울 것이다. 정원의 각 영역 또는 경계는 고유한 모양으로 배식 할 수 있지만, 전체적으로 더 강한 모양 중 일부를 반복하면 통일성이 생기고 전체 디자인이 정리가 된다.

물론 모든 식물의 크기가 같을 수는 없으므로 다음 작업을 수행하려면 식물의 키가 얼마나 되어야 하는지 생각해야 한다. 역할과 채워야 하는 공간에 따라 10m 나무 또는 10cm 이하의 식물이 필요할 수 있다. 다양한 높이와 모양을 보여주는 빠른 스케치를 그림으로써 식재 계획이 어떻게 실현되는지 알 수 있다. 예를 들어 높고 좁은 부채형의 반구형과 낮고 평평한 반구형이 있을 수 있다. 또는 뾰족한 부채형의 낮은 수평형 모양을 가질 수 있다.

5장에서 논의한 것처럼 나무는 여러 가지 이유로 막대한 자산이며, 가장 작은 공간도 일반적으로 나무를 수용할 수 있다. 이는 모두 규모의 문제이다. 나무

나무는 여러 가지 멋진 모양을 가지고 있지만 단순함과 절제라는 동일한 규칙이 적용된다.

는 정원의 스타일, 장소, 목적, 심지어 극적인 감각을 불어넣을 수 있다. 동일한 공식을 따르고 함께 사용되는 다양한 모양의 종류를 최소화하면 이들을 사용하여 디자인하는 것이 어렵지 않다.

기억하라. 그것은 단지 나무의 수집인가, 아니면 식재 디자인인가?

식물, 잎, 꽃 모양을 한꺼번에 디자인하면 복잡해질 수 있으므로 먼저 식물 모양을 우선시하는 것이 좋다. 좀 더 자신감이 생기면, 다음에는 잎으로 디자인하고 서로 보완하거나 대조하기 위해 서로 다른 모양을 결합하는 것이다. 서로 다른 잎 모양의 다양성은 방대하며 그것들을 사용하여 디자인하는 핵심은 반복해서 말하지만, 같이 심을 경우 강한 모양의 종류를 제한하는 것이다.

꽃 모양을 추가하는 것이 더 어려운 일이지만, 특히 하나의 식물 모양으로 시작하는 경우에는 가능하다. 예를 들어 칼 모양의 잎, 트럼펫 꽃 및 깃털 잎이 있는 뾰족한 부채모양은 단순히 마오란속 phormium, 원추리속 hemerocallis 및 회향 fennel일 수 있다. 식재 디자인에서 모양을 사용할 때 기억해야 할 핵심 사항은 다음과 같다. 단순함을 유지하고 함께 사용되는 다양한 모양의 양을 제한하고 의심스러운 경우 유사하게 배치하라.

다양한 잎 모양

다양한 꽃 모양

식물 재료에서 발견되는 다양한 질감

질감

거친 껍질이든 부드럽고 푹신한 종자이든 모든 식물 재료에는 일종의 질감이 있다. 이것은 특히 식재 계획에서 대조되는 질감을 조합할 때 식재에 또 다른 요소를 추가하는 데 사용할 수 있다. 회색잎 식물은 잎을 덮고 있는 작은 털로 인해 벨벳처럼 부드러운 질감을 갖는 경향이 있다. 어떤 잎은 매우 광택이 나고 어떤 잎은 윤기가 없고 칙칙하다. 식물을 만지지 않더라도 빛이 반사되거나 흡수되는 방식으로 인해 질감이 외관에 영향을 미친다. 집이나 정원 센터에서 대조되는 질감을 조합하여 어떻게 보이는지 확인하라.

최종 식재 계획 수립

이 단계에서는 수집한 모든 정보를 가져와 최종 식재 계획을 세우는 데 사용할 준비가 되었다. 이를 입증하기 위해 4장의 전반적인 구성에 대한 샘플 브리핑을 다음 단계로 가져갈 것이다. 최종 식재 계획을 위한 식물을 선택하고 식물의 이름, 필요한 수량 및 식물이 있어야 할 구획 크기를 표시하는 구매 목록을 만든다. 또한 계획을 마무리하기 위해 채우기 식물이 식재되는 곳을 알아야 한다.

다음은 식재 계획을 완료하는 데 필요한 모든 정보를 요약한 것이다.

이 목록에는 전반적인 구성에 필요한 식물 및 잎 모양, 식물 카테고리 및 식물 높이와 같은 기본적인 개요에 대한 여러 가지 추가 사항이 포함되어 있다.

개요: 정원에서 이루고 싶은 것
계획 및 정원 분석: 환경조건, 기존 식물 등에 대한 메모가 있는 축척 도면
식재 스타일: 전체 정원에 대한 주제 또는 비전
색 구성표: 개성과 계절감을 줄 수 있는 배식
식재의 역할: 구조 및 관상용 식물이 수행해야 하는 역할
식물과 잎 모양: 입체적인 요소를 구현하는 데 필요
식물 카테고리: 식재 계획에 적용되는 식물의 참조 부록
수고: 정원의 나머지 부분과 관련하여 식물이 얼마나 높아야 하는지

샘플 보더의 전반적인 구성에 있어서 식재 기준 및 요구 사항

개요

정원의 토양은 pH가 중성인 배수가 잘되는 사질 양토이며, 가장자리는 바람으로부터 보호되고 하루 종일 맑다. 경계선의 위치는 부엌 문 옆에 있고, 집안에서 볼 수 있으므로 일 년 내내 잘 보일 수 있다. 식재에는 요리를 위한 약간의 허브가 포함되어야 하며 스타일은 강인하고 극적인 모양과 함께 자연스러워야 한다. 색 구성표는 노란색, 보라색, 흰색 꽃과 함께 부드러운 회색과 녹색을 사용하여 예쁘지만 정교한, 약간의 드라마틱함을 위해 어두운 잎을 사용할 수도 있다.

식재 기준	요구 사항
정원의 식재 공간 위치	주방 문 밖의 가장자리
공간의 기능	정원에 허브를 공급하고 부엌 창에서 볼 수 있다.
정원/공간 스타일	혼합된 꽃식물과 약간의 극적인 모양이 있는 자연스러운 스타일
관상 시즌	일년 내내
방향과 환경조건	배수가 잘되는 중성토양으로 햇볕이 잘 드는
향기	여름과 가을
예산	중간/낮음
유지관리 수준	중간/낮음
잎 색상 x 최대 3개	실버 그레이, 그린, 퍼플/브라운
줄기 및 껍질 색상 x 최대 3개	그레이, 실버, 퍼플/브라운
꽃색 x 최대 3개	흰색, 노란색 및 보라색
식물 모양 x 최대 3개	반구형, 좁고 뾰족한 부채형
잎 모양 x 최대 3개	긴 선형과 타원형
높이 최소 및 최대	최소 10cm, 최대 1.5m
식물 카테고리	주요 식물, 구조형 상록수, 관상용 관목 및 다년생 식물, 구근 및 1년생 초화류

기준을 표로 쉽게 만들 수 있지만, 형식은 모든 유형의 식재 디자인에 적용할 수 있다.

최종 선택하기

계절	목본	덩굴식물과 벽면관목	상록관목	낙엽관목	상록 숙근초, 양치류 및 과식물(잔디류)	낙엽 숙근초, 양치식물 및 벼과식물(잔디류)	1년생 또는 2년생 초화류	구근류
봄	*Amelanchier lamarckii*	*Clematis alpina* *Ceanothus* 'Italian Skies' *Clematis montana* 'grandiflora'	*Myrtus communis* *Magnolia stellata* *Rosemary officinalis* (반구형)	*Deutzia gracilis* (반구형) Spirea 'Arguta' (아치형) *Syringa vulgaris* 'Charles Joly' (아치형) *Elaeagnus* 'Quicksilver' (아치형)	*Epimedium* x *youngianum* 'Niveum' (포복형)	*Iris* 'Sable' (뾰족한 부채형) *Iris pallida* 'Variegata' (뾰족한 부채형) *Pulmonaria officinalis* 'Sissinghurst White' (포복형)	*Cerinthe major* (아치형) *Aquilegia alpina* (기둥형)	*Tulip* 'Spring Green' (뾰족한 부채형) *Daffodil* 'Tete-a-Tete' (뾰족한 부채형)
여름	*Cornus kousa* 'China Girl'	Rose climbing 'Iceberg' *Clematis* 'Alba Luxurians' *Clematis* 'Perle d' Azur' *Trachelospermum jasminoides*	*Lavender* 'Hidcote' (반구형) *Ceanothus* 'Autumn Blue' (부채형) *Cistus* x *corbariensis* (반구형) *Salvia officinalis* (반구형) *Convovulus cneorum* (반구형)	*Philadelphus coronarius* 'Variegatus' (아치형) *Rosa* 'Glamis Castle'(부채형) *Rosa* 'Graham Thomas' (부채형) White Hibiscus (부채형)	*Stachys byzantina* 'Big Ears' (포복형) Libertia 'grandiflora' (뾰족한 부채형)	*Pennisetum orientale* (부채형) *Centaurea montana* (반구형) *Dianthus* 'Mrs Sinkins' (반구형) *Eryngium alpinum* (부채형) *Geranium himalayense* (반구형) *Hemerocallis citrinella* (뾰족한 부채형) *Lychnis coronaria* 'Alba' (부채형)	*Convolvulus sbatius* (반구형)	*Lillium regale*
가을		*Passiflora caerulea* 'Constance Elliot' *Parthenocissus henryana*	*Hebe* 'Autumn Glory' (반구형) *Buddleja davidii* 'Empire Blue' (부채형)	*Perovskia* 'Blue Spire'(부채형)	*Melianthus major* (아치형) *Fuchsia* 'Hawkshead' (아치형)	*Anemone* x hybrida 'Honorine Jobert' (키큰 반구형) *Verbena bonariensis* (기둥형)	*Nicotiana sylvestris* (아치형)	*Dahlia* 'White Ballet' (부채형)
겨울		*Chaenomeles speciosa* 'Nevalis' *Garrya elliptica*	Box balls *Sarcococca humilis*(반구형)		*Astelia chathamica* (뾰족한 부채형)			Snowdrops (뾰족한 부채형)
연중	Weeping pear	*Hedera helix* 'Eva'	*Euonymus fortunei* 'Silver Queen' (반구형) *Choisya* 'Aztec Pearl' (반구형) *Hebe albicans* (반구형) *Osmanthus* x *burkwoodii* (키큰 반구형) *Pittosporum* 'Garnettii' (키큰 반구형)		*Cortaderia selloana* 'Pumilla' (아치형) *Cotoneaster franchettii* (아치형) *Astelia chathamica* (뾰족한 부채형) *Hemeborus argutifolius* (아치형)			

69페이지의 표는 이러한 전반적인 구성에 적합한 식물(강조 표시됨)만 사용하여 정리했다.

(1) 모양과 높이가 잘 맞는지 확인하기 위해 밑그림을 그린다.

(2) 가급적이면 1:50 또는 2cm:1m 축척으로 기존 식물을 기준으로 조사 또는 계획을 그린다.

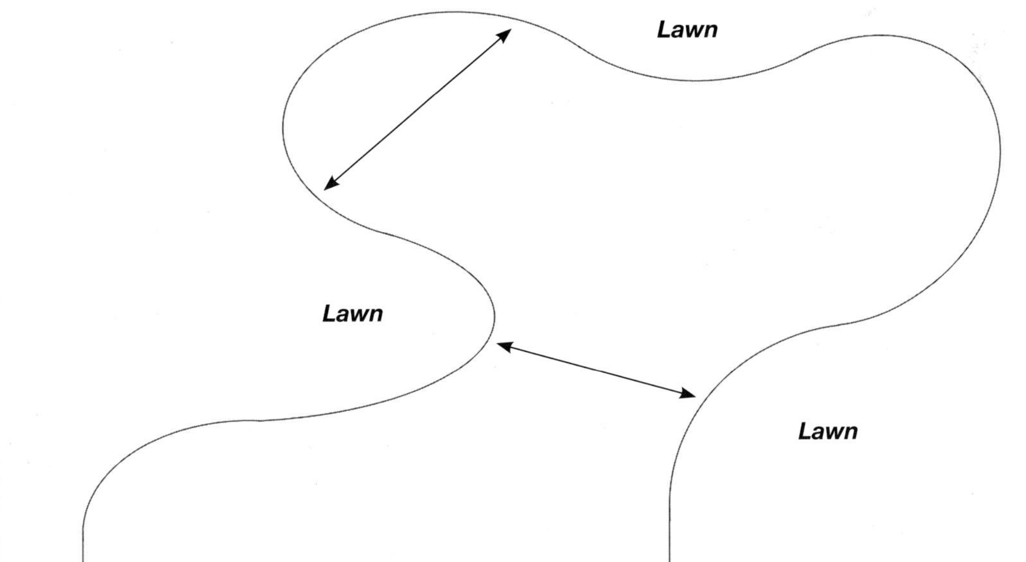

식재 계획에 의한 식물 배치

식물 목록이 줄어들고 각 식물이 계획에 어떻게 기여할 지 명확하게 알면 샘플 계획에 식물을 배치하기 시작할 수 있다. 먼저 식재 공간을 정해야 한다. 이는 주요 식물, 구조용 및 관상용 식물과 같은 다양한 식물 유형에 대한 공간분할을 의미한다. 각 경계에서 몇 가지 다른 식물유형만 사용하게 된다. 정원의 다른 공간에는 나무 및 덩굴식물과 같은 다른 유형이 필요하며 일부는 식물의 역할과 정원의 전체 디자인에 따라 지피식물만 있을 수 있다.

이제 식물에 따라 공간을 분할해야 한다. 그 공간은 하나의 큰 식물 또는 함께 자라서 흩어지거나 뭉치는 여러 개의 작은 식물을 식재할 수 있다. 공간을 너무 작게 만들지 말라. 그렇지 않으면 계획이 비좁게 보일 것이다. 식물이 무엇인지 아직 결정할 필요는 없지만 식물의 높이와 색상을 메모할 수 있다. 계절 구근 및 일년생 식물과 같이 채우기가 될 식물은 영구 식재를 통해 그리고 그 사이에서 자라기 때문에 계획에 공간이 할당되지 않는다. 원하는 위치를 메모해 두기만 하면 된다. 또는 땅속에 있는 식물을 기다릴 수도 있다.

이 단계에서만 식물들이 함께 조화되는 방법에 대한 현실적인 아이디어를 얻을 수 있다. 실제로 사용되는 식물의 수는 매우 적어 보일 수 있지만, 장기적으로 계획의 단순성과 결과에 도움이 될 것이다. 아직 사용하지 않은 식물이 목록에 있을 것이다. 다음에는 각 공간에 몇 개의 식물이 들어갈지 계산해야 하므로 억지로 밀어 넣지는 말라. 생각보다 훨씬 적을 수 있다. 대안을 선택하고 정원의 다른 부분에서 계획을 세우는 데 사용할 수 있으므로 원본 목록을 잘 보관하라.

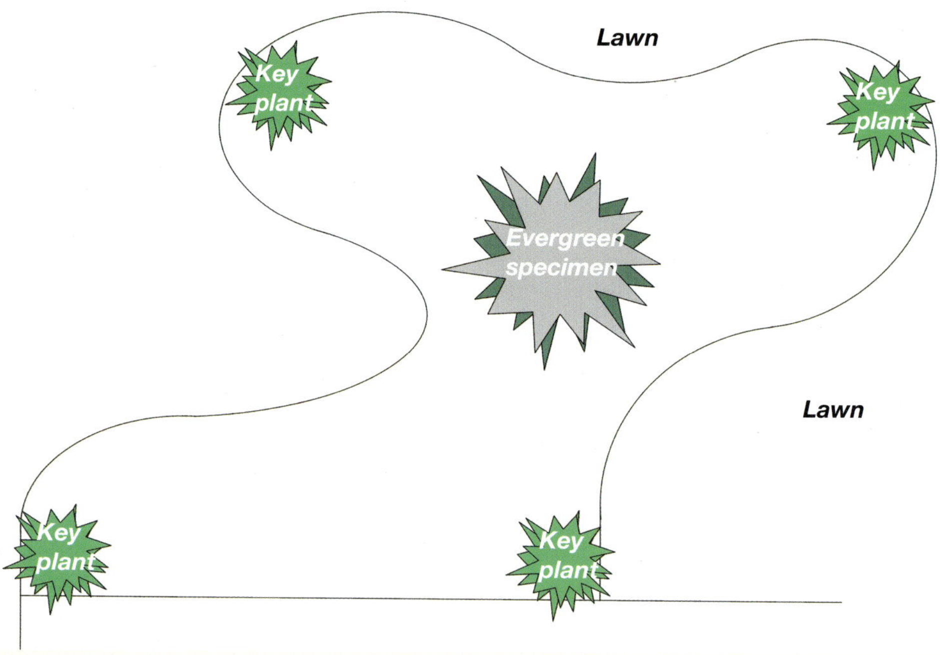

(3) 주요 식물을 배치하고 전체 디자인과 관련이 있는지 확인하고 정원의 구조를 강조한다(이 단계에서 이것이 무엇인지 알 수 있음).

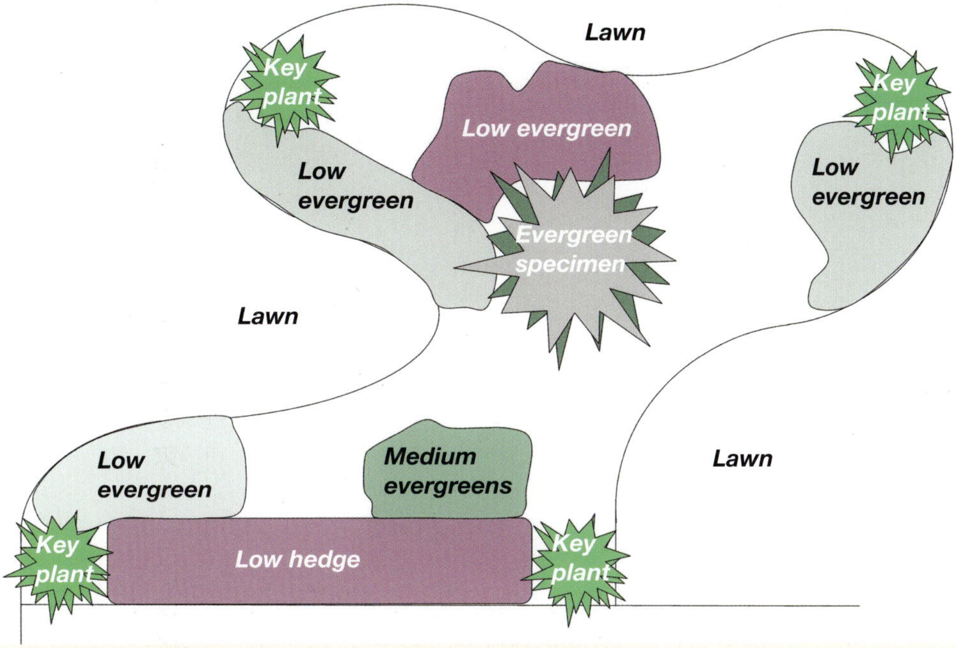

(4) 관상용 식물을 위한 충분한 공간을 남겨두고 다른 구조용 식물을 위한 공간을 구획한다. 낮음, 중간 또는 높음이 필요한지 여부와 색상을 기록한다.

(5) 이제 관상용 식물을 사이의 공간에 채우고 높이와 색상을 다시 확인하라.

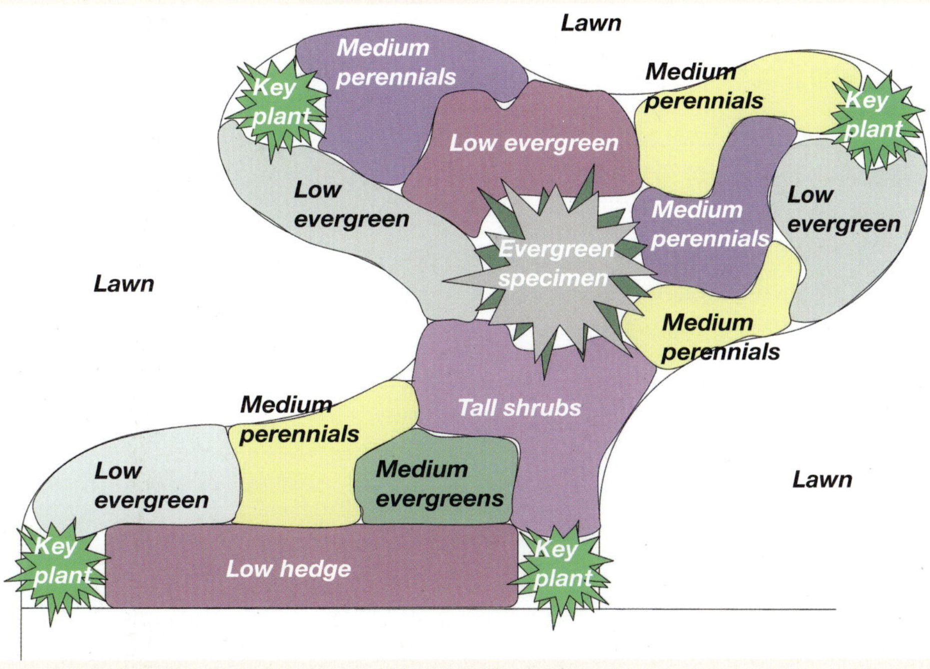

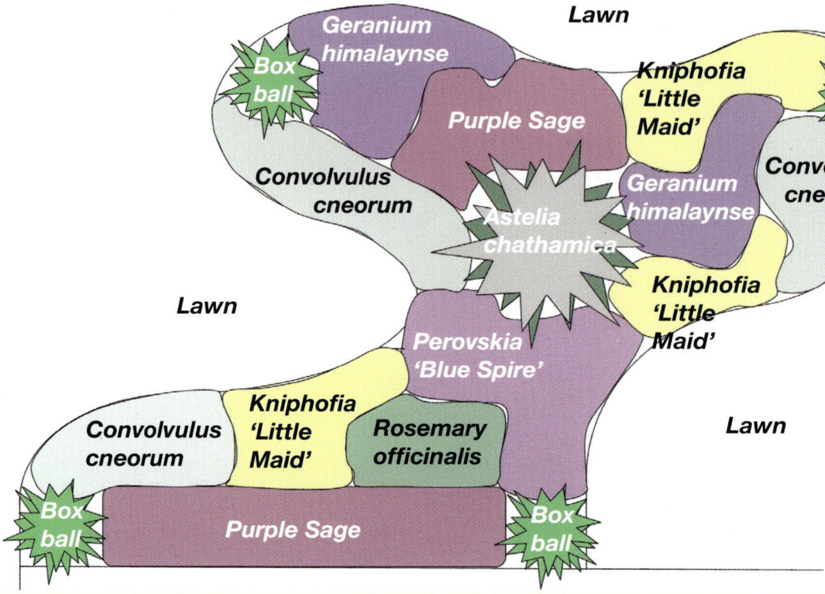

식물 목록을 사용하여 디자인에 맞는 식물을 결정하고 계획에 기록한다.

식재 간격

식물이 자라는 데 필요한 공간을 아는 것은 정확한 과학이 아니다. 참고도서와 식물표찰은 모순되거나 혼란스러울 수 있다. 생육조건과 사후관리는 식물의 기능에 막대한 영향을 미친다. 당신이 할 수 있는 최선의 방법은 연구를 기준으로 가능하다면 자신의 경험을 바탕으로 식물이 필요하다고 생각하는 공간의 크기를 예상하는 것이다. 그러나 식물이 예상보다 더 자랄 수도 있고 덜 자랄 수도 있다는 사실을 받아들여야 하며 조정이 필요하다.

식물을 위해 얼마나 많은 공간이 필요한가?

이것은 지표면 위에 있는 각종 유형의 식물에게 얼마만큼의 공간을 제공할지 알아내기 위한 매우 간단한 안내서이다. 원 중앙의 점은 식물의 중심을 나타낸다.

높이	식물의 종류(유형)
30cm	매우 작은 다년생 초화류, 암석식물과 2년생 초화류
45cm	작은 다년생 초화류와 2년생 초화류
30-60cm	울타리 식물
60cm	작은 상록수 및 낙엽 관목, 중간 크기의 다년생 초화류
1m	중형 및 대형 상록 관목, 중형 낙엽 관목, 대형 다년생 초화류
1.3m	큰 낙엽 관목
3m 이상	작은 나무에서 큰 나무

〔참고: 덩굴식물과 벽걸이 관목은 지면에 60cm-1m 공간을 두고 2-3m 떨어져 있어야 한다.〕

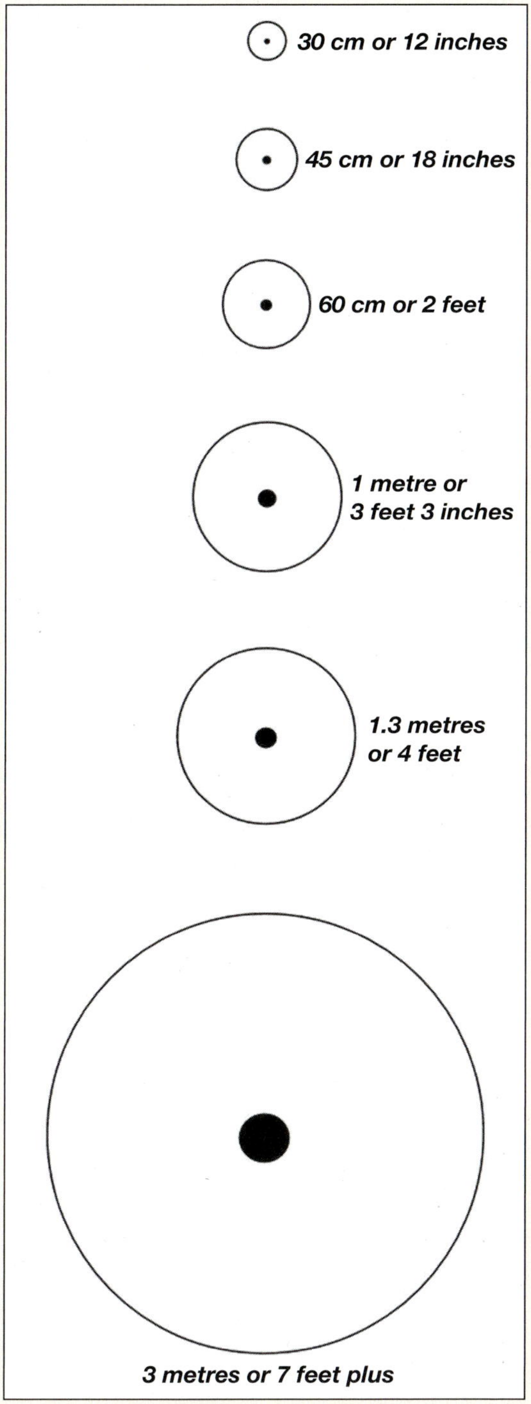

원을 이용한 간격 공식

전문 디자이너는 모두 그동안의 경험, 수집된 지식 및 상식을 바탕으로 식물 간격을 지정하기 위한 고유한 공식과 가이드를 갖게 된다. 다양한 성장 조건을 반영하기 위해 개별 프로젝트에 맞게 공식을 약간 변경할 수 있다. 최종적으로 따라야 할 간단한 식재 간격 가이드를 갖는 것이 좋은 출발점이다.

대부분의 식물은 대칭적으로 자라며 지면의 원형 공간을 채우기 때문에 원은 종종 식물의 성장 공간을 나타내는 데 사용된다. 물론 여기에는 예외가 있다. 식물이 손상되었거나 빛이 충분하지 않으면 이상한 모양을 만들 수 있지만 이는 통제할 수 있거나 통제할 수 없는 외부 환경 때문이다. 또한 지피식물은 가능한 곳에 퍼질 것이고, 덩굴식물은 지지대가 있는 곳에서 자랄 것이다. 이 단계에서 우리는 그들이 지상에서 차지할 것으로 예상되는 공간을 알 수 있다. 그 공간은 충분한 빛과 좋은 성장 조건을 갖춘 대부분의 식물이 도달할 것으로 예상할 수 있다.

퍼플 세이지는 주방에서도 사용할 수 있는 훌륭한 가장자리 식물이다.

식재 계획에 식물 배치

이제 평면도에 식재 공간을 그려야 한다. 원하는 경우 원형 템플릿을 사용하라.
이제 분할된 각 공간을 채우는 데 필요한 식물 수량을 확인할 수 있다. 가능한 한 식물 주위에 빈 공간을 적게 남겨두되 원을 너무 많이 겹치지 마라. 그렇지 않으면 식물이 자랄 공간이 충분하지 않다.

구매 목록 만들기

이제 식물 목록과 식재지를 채우는 데 필요한 수량을 파악하게 된다.

식물

- 12 제라늄 히말라이엔스*Geranium himalayense*
- 13 니포피아*Kniphofia* 'Little Maid'
- 4 회양목Box balls
- 8 보라색 세이지
- 10 메꽃*Convolvulus sbatius*
- 2 로즈마리*Rosemary officinalis*
- 1 은창*Astelia chathamica*
- 5 러시아 세이지*Perovskia* 'Blue Spire'

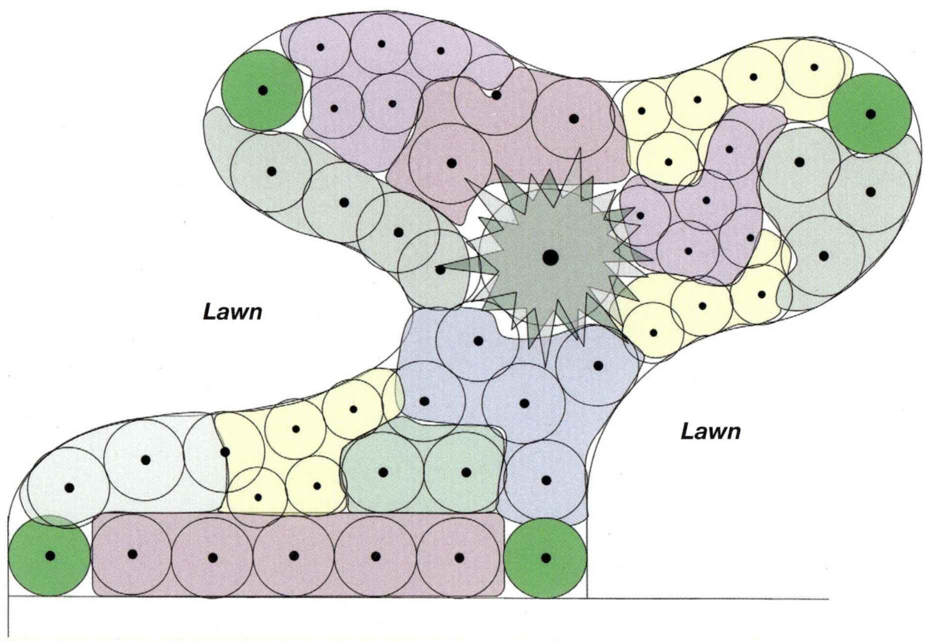

원으로 계획에 맞추는 방식

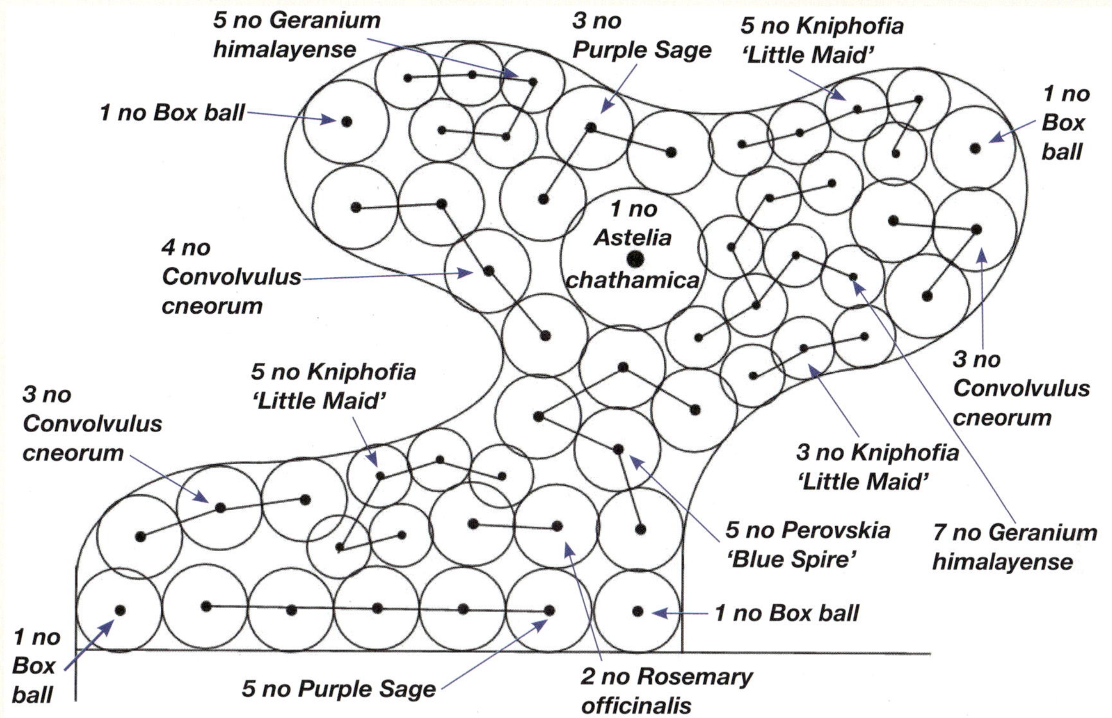

얼마나 많은 식물이 필요한가?

보라색 꽃이 핀 바위메꽃*Convolvulus sabatius*과 흰색꽃의 콘볼불루스 크네오름*Convolvulus cneorum*

채우기 식물 수량(이러한 양은 추산됨)

연간 및 단기 다년생 초화류:

- 10 매발톱꽃*Aquilegia vulgaris*
- 5 버들마편초*Verbena bonariensis*
- 1 세린데 메이저*Cerinthe major* 종자

구근:

- 왜성 수선화dwarf daffodils
- 설강화snowdrps
- 알리움alliums

어떤 크기의 식물을 살까?

새 식물을 구입할 때, 화분에서 보여지는 식물이 시간이 주어지면 훨씬 더 커지고 계획에서 허용한 모든 공간을 차지할 것이라고 상상하기 어려울 수 있지만 그렇게 될 것이다. 식물 구매 및 예산 책정에 대해서는 7장에서 자세히 설명하겠지만 선택하는 새로운 식물의 크기는 비용이나 구매 가능한 항목에 따라 달라질 수 있다. 아주 작은 것부터 거대한 것까지 식물을 판매하는 다양한 크기의 화분이 있으며, 이 단계에서 이것을 땅에 심기 위해 구입할 식물과 계획 평면도 간에 어떤 관련이 있는지 이해하는 것은 바람직하다.

필요한 화분 크기가 포함된 최종 식물 구매 목록

식물:

- 12 제라늄 히말라이엔스*Geranium himalayense* 1번째 화분(식물이 빨리 자라기 때문에 작은 화분)
- 13 니포피아*Kniphofia* 'Little Maid' 1번째 화분
- 4 회양목Box balls 10번째 화분(회양목은 천천히 자라며 중요한 주요 식물이기 때문에 큰 화분)
- 8 보라색 세이지 1번째 화분
- 10 메꽃*Convolvulus sbatius* 1번째 화분
- 2 로즈마리*Rosemary officinalis* 3번째 화분 (로즈마리가 구조용 식물의 일부이기 때문에 중간 크기의 화분)
- 1 은창*Astelia chathamica* 10번째 화분(astelia는 중요한 주요 식물이기 때문에 큰 화분)
- 5 러시아 세이지*Perovskia* 'Blue Spire' 3번째 화분

채우기 식물 연간 및 단기 다년생 초화류:

- 10 매발톱꽃*Aquilegia vulgaris* 0.5번째 화분 (작은 화분은 채우기 식물일 뿐이며 빠르게 자랄 수 있기 때문이다.)
- 5 버들마편초*Verbena bonariensis* 0.5번째 화분

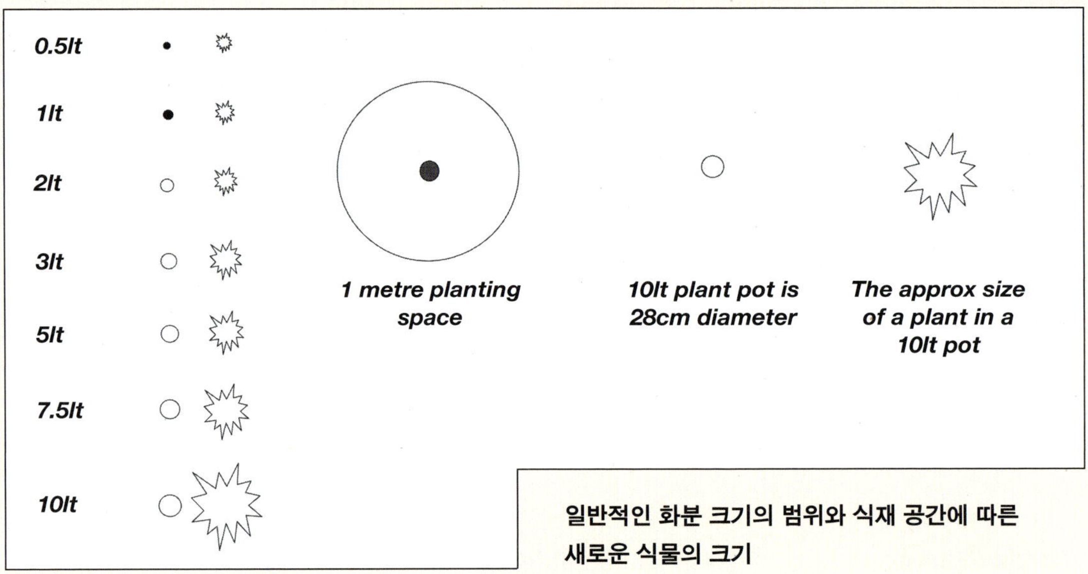

일반적인 화분 크기의 범위와 식재 공간에 따른 새로운 식물의 크기

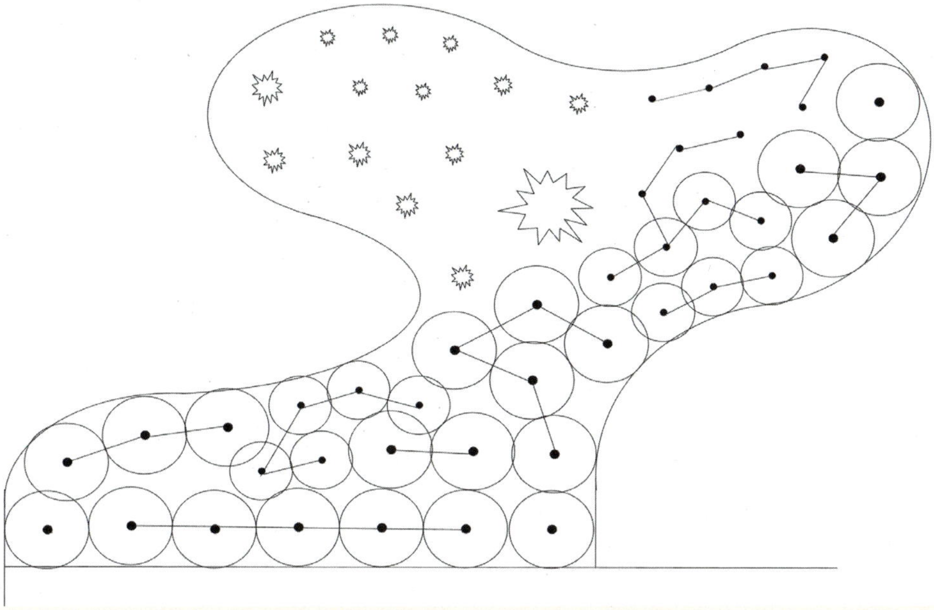

주어진 식재 공간과 관련하여 식물을 땅에 처음 심었을 때의 모습

부드러운 보라색, 파란색 및 은색이 혼합된 가장자리 식재이다.

이 다이어그램에서 새로운 식물을 땅에 처음 심을 때 빈 공간이 많다는 것을 알 수 있다. 식물을 서로 더 가깝게 옮기거나 틈을 메우기 위해 식물을 더 추가하고 싶은 유혹이 들겠지만 그렇게 하지 마라. 이것은 단지 과밀하게 심어 돈, 식물, 시간 및 에너지의 낭비가 될 것이다. 이러한 간격은 식물이 성장하고 성숙함에 따라 점차 작아진다. 그 동안 잡초가 자라는 것을 방지하고 수분을 유지하는 데 도움이 되도록 나무 껍질 조각이나 정원 퇴비로 맨땅을 덮을 수 있다. 앞으로 몇 년 동안 모든 식물이 함께 자랄 때까지 이러한 틈에 들어가고 싶은 임시 '채우기 식물'를 사용할 수 있다. 다음 장에서는 목록에 있는 식물을 조달, 구매, 재배 또는 얻는 방법에 대해 설명한다.

ALPINE
Centaurium scilloides
Centaurium scilloides

07 현실적인 식물 구매 목록 만들기

기존 식물 식재, 구매 식물, 식재 대안, 예산 책정, 식재 시기

기존 식물들을 새로운 계획에 포함시킬 수 있다.

이 단계에서 신중하게 선택한 식물은 종이에 있는 이름 목록에 불과하다. 그렇다면 그것들은 어디에서 왔고, 얼마나 커야 하며, 비용은 얼마인가? 또한 이미 정원에 있는 기존 식물은 어떻게 해야될까? 이 장에서는 당신이 식물의 목록을 가지고 시간, 돈, 에너지 등을 가능한 한 적게 낭비하면서 그것들을 현실로 바꾸는 데 도움이 될 것이다.

OPPOSITE PAGE: 전문 식물 농장에서는 식물을 재배하는 사람들로부터 정보를 얻을 수 있다.

기존 식물 식재

우리는 기존 식물을 그냥 둘지, 버려야 할지 결정하는 방법에 대해 논의했지만 새 계획에 포함될 기존 식물은 어떻게 해야 하는가?

원래 위치를 유지해야 하는 일부 나무와 관목은 줄이거나 모양을 변경해야 하며 가능한 경우 계획을 시작하기 전에 이를 마무리해야 남아 있는 공간을 더 잘 파악할 수 있다. 식물을 제거해야 하는 경우에도 마찬가지이다.

하지만 캐내어 새로운 위치로 옮겨야 하는 식물은 약간의 고민이 필요하며 이에 대한 자세한 내용은 8장에서 설명하고자 한다.

구매 식물

원하는 식물 목록을 완성하기 전에 식물을 얻을 수 있는지 여부를 아는 것이 중요하다. 일부 식물은 늘 찾기 어려울 수 있다. 어떤 식물들은 당신이 원할 때 부족할 수 있다. 일부는 전문 재배자에게 주문해야 할 수도 있고, 구근과 나근 식물의 경우처럼 적절한 시기를 기다려야 살 수도 있다. 저비용 또는 무료 식물에 대한 많은 기회가 있다. 그럼 어디부터 살펴보아야 하나? RHS Plant Finder는 전문가와 아마추어가 사용하는 훌륭한 자료이다. 매년 발간되는 책이나 인터넷에서 영국에서 어떤 묘목을 기르고 있는지 목록으로 볼 수 있다(추가 정보 참조).

이용 가능한 식물

숙련된 디자이너는 쉽게 구할 수 있는 식물, 예측할 수 없는 식물, 검색이 필요한 식물 등을 알 수 있다. 그러나 어떤 연도 또는 계절에는 일반 식물조차도 구하기 어려울 수 있다. 이는 상업적 재배자가 극한의 기상 조건에 어려움을 겪고 있기 때문일 수도 있고 특정 식물을 목록에서 제외하기로 결정할 수도 있다. 때때로 종자를 얻기가 어렵거나 삽목이 실패할 수 있다. 특정 유형의 관목을 엄청나게 많이 필요로 하는 프로젝트가 어딘가에 있었을 수도 있다. 이런 이유 때문에 판매용으로 시장에 남아 있는 것이 거의 없을 수 있다. 식물이 시장에 출시된 지 얼마 되지 않은 경우 재배자는 상업적으로 실패할 경우를 대비하여 대량으로 생산하기를 주저할 수 있다.

모든 식물이 용기에서 잘 자라는 것은 아니다. 대나무와 같은 일부는 왕성한 생육으로 판매되기 전에 화분보다 더 커질 수 있다. 많은 식물은 정원에서 씨앗으로 잘 자랄 수 있으며, 결과적으로 아름다운 허니워트*Cerinthe major*와 기타 많은 1년생 또는 2년생 초화류는 화분에서 거의 심을 수 없다. 스노드롭과 같은 구근은 고사된 구근보다 꽃이 핀 후에 '녹색'으로 심는 것이 가장 좋다. 장미, 생울타리, 과수는 가을에 '뿌리만 뽑힌 상태'로 판매되며 이는 용기에 담아 구입하는 것보다 훨씬 저렴하다.

가든 센터에서 구입

식물을 찾기 시작하는 가장 확실한 장소는 가든 센터와 같은 소매점일 수 있다. 다양한 가든 센터가 있다. 그것들은 매우 다양하며 단순히 커피숍으로만 판단해서는 안 된다. 가든 센터는 지식과 경험이 풍부한 직원이 관리하는 다양한 종류의 건강한 식물을 보유하고 있다. 그들은 식물 구매 및 재배에 대한 포괄적인 조언을 제공해야 하며 일반적으로 재고가 없는 식물을 당연하게 주문할 수 있어야 한다. 모든 식물은 건강하고 명확하게 라벨이 붙어 있고 가격이 책정되어 있어야 한다. 그 식물들은 상토에서 자라는 잡초가 없으면서 깨끗하고 정돈된 화분에 있어야 한다. 화분 바닥으로 나온 뿌리가 없어야 한다. 이는 뿌리가 화분에 꽉 차게 자란것을 의미하기 때문이다. 또한 가든 센터는 일정 시간 내에 식물이 고사하면 교체하거나 환불해 준다는 보증을 제공해야 한다. 대량 주문으로 구매하는 경우 반품에 대한 가든 센터의 방침을 확인하는 것이 좋다. 좋은 가든 센터에서 식물을 기르는 데는 당연히 더 많은 비용이 든다. 소비자가 고품질의 제품과 최고의 서비스를 받고 있기 때문이다.

교목, 관목 및 초본 다년생 식물을 포함하는 긴 식물 목록이 있는 경우 최고의 가든 센터에서도 원하는 크기와 양으로 모든 식물을 공급하는 데 어려움을 겪을 것이다. 그들은 당신을 위해 많은 식물을 주문하거나 좋은 대안을 제공할 수 있지만 여전히 필요할 때 구할 수 없는 특정 식물이 있을 것이다. 전문 디자이너조차도 목록에서 찾기 어려운 몇 가지 식물이 있을 수 있다.

훌륭한 지역의 가든 센터는 전문적인 정원사 모두에게 필수적이다.

전문 정원 디자이너는 영국과 유럽 전역의 재배자로부터 식물을 조달하는 도매 공급 서비스를 활용할 수 있다. 그들은 식물을 함께 수집하고 정해진 날짜에 주문 규모에 따라 전체 또는 단계적으로 배송한다. 이렇게 하면 모든 식물이 땅에 심기 전에 위치를 지정하고 조정할 수 있으므로 계획을 훨씬 쉽게 세울 수 있다.

전문 재배농가, 우편 및 인터넷 주문

식물을 찾을 수 있는 또 다른 장소는 전문 재배농가이다. 이곳은 식물을 재배하는 사람들로부터 얻을 수 있는 최고의 조언이 있기에 방문한다면 매우 보람 있는 장소가 될 수 있다. 식물은 해당 지역의 생육 조건과 기후에 적응할 것이기 때문에 당신에게 가까운 종묘장이 훨씬 더 좋다. 당신의 정원은 식물을 위한 집과 같을 것이다.

이 장미 'Wildeve'와 같은 식물은 우편으로 보내도 살아남을 수 있다.

수년 동안 재배농가와 재배자들은 우편 주문으로 식물을 판매하여 택배를 통해 집으로 배달해 왔다. 그것은 매우 잘 운영되었으며, 집이 가까운 경우 손쉽게 제공된다. 새로운 식물은 가능한 한 빨리 조치를 취해야 한다. 이러한 경우의 극단적 사례는 유명한 장미 재배자로부터 크리스마스 이전에 도착한 나근bare-root 장미 배달이었다. 안타깝게도 수령인은 주문한 상품을 배송받을 수 없었기 때문에 우체국에서 거의 2주 동안 포장된 상태로 앉아 있었다. 그럼에도 불구하고 그들은 살아남았고 지금은 매우 건강한 식물이지만 이러한 상황은 권장하고 싶지 않다.

대부분의 전문 재배농가는 이제 웹사이트를 가지고 있으며 온라인으로 식물을 판매하고 있다. 이것은 식물을 선택하고 구입하는 획기적인 방법이다. 식재 기간이 짧은 구근, 과일 덤불 및 나무는, 몇 달 전에 미리 주문하더라도, 땅에 심을 준비가 되었을 때만 배송된다. 일부 인기 있는 품종은 빨리 매진되기 때문에 조기 주문에는 또 다른 이점이 있다.

꽃 박람회 및 플라워 쇼

지방이든 지역이든 전국 각지에서 일년 내내 훌륭한 꽃 박람회가 많이 열린다. 그곳은 식물을 구입하

플라워 쇼에서 식물을 구입하면 특이한 품종을 얻을 수 있고 정원에 흥분과 행복한 추억을 더할 수 있다.

거나 식물을 주문할 전문 재배농가를 찾기에 아주 좋은 장소이다. 재배자를 만나고 새로운 식재 계획에 대한 귀중한 조언, 정보 및 영감을 얻을 수 있다. Royal Horticultural Society 및 기타 조직에서 많은 행사를 개최한다. 이외에 Rare Plant Fair와 The Plant Hunters' Fair를 해당된다. Southport Flower Show 및 Harrogate Flower Show와 같은 연례적인 지역 쇼도 있다.

식물 판매

자선을 위한 정원 개방, 학교 축제 및 교회 바자회는 모두 놀라운 할인가로 식물을 구입하기에 좋은 곳이다. 일반적으로 가격이 매우 합리적이며 식물은 종종 정원 센터에서 판매되는 것보다 더 건강하다. 하지만 잡초, 해충 및 잘못된 라벨링을 주의하라. 당신은 할인을 원하지만 그들은 자선을 위해 모금하고 있다.

슈퍼마켓 및 DIY 매장

식물이 건강하고 합리적인 가격에 판매되는 경우 윤리적 및 환경적 문제를 제외하고 어디에서 구입하는지는 중요하지 않다. 그러나 그것은 우리가 쇼핑하는 모든 곳에 적용된다. 정말로 좋은 식물들이 슈퍼마켓과 DIY 상점에서 판매된다. 유일한 단점은 유통기한이 짧다는 것이다. 식물은 돌보고 관리해야 하지만 못 한 뭉치나 시리얼 한 상자는 그렇지 않다. 그럼에도 불구하고 만일 구매 목록에 있는 식물이 신선하고 건강해 보인다면 우유와 함께 장바구니에 담으라. 많은 소매상들이 정리하고 싶은 제품이 있는 할인 코너를 가지고 있을 것이다. 일부 정원사는 여기에서 식물을 구매하는 것을 안목 있는 구매의 기회이기보다 식물 구출 의무로 더 많이 생각한다.

동우회에게서 획득

우리는 대대로 식물을 친구, 가족, 지인에게 건네주었다. 열정적인 정원사들 사이에는 누군가가 당신의 정원에 있는 식물에게 경외를 표한다면 당신은 그들에게 '식물 조금'을 주어야 한다는 문화가 있다. 이 '조금'은 꺾꽂이, 일부 씨앗 또는 땅에서 파낸 덩어리일 수 있으며 비닐 봉지에 넣는 것도 가능하다. 운이 좋다면 그것은 화분에 심어 멋지고 작은 식물로 자란 꺾꽂이나 묘목일 수 있지만, 그것은 모두가 즐겁고 가치 있는 것을 확산시키는 철학의 일부일 뿐이다. 재배자에 대한 보증 방침이기도 하다. 식물이 죽으면 그들은 어디에서 또 다른 삽목을 얻거나 다시 시작하기 위해 한 줌의 씨앗을 얻을 수 있는지 알고 있다. 온 가족, 동우회, 심지어 길거리까지 정원에 사로잡힌 정원가는 대대로 신중하게 내려온 동일한 식물을 가지고 있을 수 있다.

이 전통은 축하하고 장려해야 하지만, 신중하게 선택한 식물 목록대로 식물을 구입하는 사람에게는 도덕적인 쟁점이 될 수 있다. 무료 식물에 대한 후한 선심을 거부하는 것은 젊은 새 집주인이 나머지 가족이 더 이상 원하지 않는 가구를 제공받는 것과 약간 비슷하다. 또한 한 사람의 정원에 있는 애지중지한 식물이 더 비옥하고 온화한 다른 환경에서는 무성한 잡초로 변할 수 있다. 제공된 식물에는 산미나리나 서양메꽃과 같은 침입적인 다년생 잡초가 들어 있을 수 있으므로 화분을 잠시 격리한 후 땅에 심기 전에 다른 것이 있는지 확인하라.

나만의 재배: 번식

자신의 식물을 번식시키고 기르는 것은 정원사가 할 수 있는 가장 만족스럽고 보람 있는 활동일 것이다. 이것은 비단 돈을 절약하는 것에 대한 것만은 아니다.

푸른새우꽃_Cerinthe major_**은 씨앗에서 쉽게 자랄 수 있지만 판매용 화분에서는 거의 볼 수 없다.**

번식에 사용할 수 있는 도구는 끝이 없고 비용이 많이 든다. 그러나 매우 적당한 예산으로도 가능하다. 물론 모든 식물을 직접 재배한다면 정원이 다 완성되는 데 몇 년이 걸릴 것이다. 이것이 적합할 수 있지만 특정 크기로 이미 자란 식물을 구매한다면 시간을 아낄 수 있다는 점을 명심해라.

최고의 번식 환경은 난방이 되는 비닐하우스, 냉상, 분갈이 창고(단, 씨앗이나 어린 나무를 심은 화분을 올려 놓을 수 있는 것)로, 이곳은 라벨이 붙은 통에 상토가 들어 있고 깨끗한 화분과 종자 파종 트레이가 가지런히 쌓여 있다. 대부분 현실에서는 주방 창틀과 몇 개의 재활용 요거트 화분이다. 어느 쪽이든 식물의 번식은 매우 특별하며 모든 정원사는 최소한 한 번씩은 해봐야 한다. 자신의 모든 식물을 기를 시간, 예산, 공간 또는 의향이 없지만 무언가를 키우고 싶다면 구하기 어렵거나 매우 비싸거나 씨앗으로만 구입할 수 있는 식물을 선택하라.

모든 종자나 가지를 실내에서 재배할 필요는 없다. 많은 식물은 땅이나 화분상태로 외부에서 자라게끔 할 수도 있다. 일부는 발아하는 데 추운 온도가 필요하기 때문에 외부에서만 자랄 수 있다. 식물 지지대로 사용되는 가지치기한 줄기가 종종 뿌리를 내린다는 사실은 번식이 얼마나 쉬운지 보여준다. 식물은 자신을 번식시키기 위해 평생을 보낸다. 종자를 생산하는 것이 가장 분명한 번식이지만, 많은 식물들이 땅에 뿌리를 내리는 줄기와 가지를 뻗음으로써 스스로를 자유자재로 퍼뜨릴 것이며 따로 떼서 다시 심을 수 있을 정도의 온전히 새로운 식물이 나게 할 것이다(이것을 취목이라고 함).

과밀한 다년생 식물 관리

당신은 아마도 초본 다년생 식물이 너무 오랫동안 땅에 방치되면 이들이 과밀하게 되어 종종 꽃이 거의 또는 전혀 없고 잎만 무성하게 된다는 것을 알아차렸을 것이다. 식물들은 캐내어, 쪼개고, 절단편이 다시 심어지는 것으로부터 이득을 얻게 된다. 그러나 원래 그들은 그들을 도와줄 정원사가 필요하더라도 스스로 번식했다. 야생에서 그러한 식물은 땅을 파는 동물에 의해 퍼뜨려질 것이고, 여기저기 흩어져 있던 덩어리가 자라고 번식할 것이다. 판매할 식물을 생산하기로 결정한 경우, 많은 식물은 현재 저작권으로 보호되어 재배자의 허가 없이 상업적으로 번식 및 판매하는 것은 불법이다. 식물 라벨은 일반적으로 식물이 저작권으로 보호되는지 여부를 표시하지만 항상 그런 것은 아니다.

초본 다년생 식물은 과밀화될 수 있으며, 캐내어, 쪼개고, 절단면들을 다시 심는 것이 좋다.

부드러운 자귀나무 *Albizia julibrissin***과 같은 일부 식물의 공급 여부는 예측이 가능하다.**

식재 대안

거의 모든 식재 목록에는 판매용 또는 구매용으로 어디에서도 찾을 수 없는 식물이 적어도 하나 이상 있는 것 같다. 또는 판매용이지만 제공되는 크기가 너무 크거나 작을 수 있다. 구매할 수 있는 유일한 동백나무*Camellia japonica* 'Janet Waterhouse'가 거대한 25lt(리터) 화분에 있고 전체 식물 예산만큼 비용이 든다면 다시 생각해야 할 수도 있다. 3lt 화분에서만 제공되고 적당한 크기의 성숙한 식물을 원한다면 대안을 생각해야 할 수도 있다. 물론 심을 수 있을 때까지 기다릴 수 있지만 특히 이와 같은 목록에 여러 식물이 있는 경우 난감할 수 있다.

식재 계획을 그대로 유지하고, 과도한 중복을 하지 않으려면, 대안을 선택하는 것이 힘들 수 있다. 결국, 처음 목록을 만드는 데 너무 많은 생각과 고려가 들어갔기 때문에 너무 큰 타협은 민망한 일이다. 대안을 선택하는 데는 원래 식재 계획을 수립하는 것만큼 숙련된 기술이 필요하다. 그래서 전문 설계자들은 공급업체에게 식물 목록을 제출할 때 '사전 협의 없이는 대체하지 않는다'는 문구를 넣는 경우가 많다.

다행스런 지점은 식물 종류가 많고 다양하며 약간의 수평적 사고가 필요하더라도 항상 적합한 대안이 있다는 것이다. 좋은 대안을 찾는 첫 번째 대상은 원래의 식물 목록이다. 구할 수 없는 식물 대신 이용할 수 있는 수종이 있을 수 있다. 또는 첫 번째 선택의 특성을 살펴보고 유사한 속성을 가진 식물을 선택한다. 흰 꽃이 피는 동백나무*Camellia japonica* 'Janet Waterhouse'와 같은 식물의 경우 이것은 매우 간단하다. 선택할 수 있는 다른 많은 흰색 꽃이 피는 동백이 있다. 식물 모양과 크기, 개화 시기 및 색상에 약간의 차이가 있을 수 있으므로 여전히 계획에 맞는지 확인해야 한다. 그러나 원하는 식물이 동일한 과의 품종이 아닌 경우 다른 종을 모두 살펴봐야 할 수도 있다. 원래 선택 항목에서 가장 우선 순위가 높은 속성으로 결정한다. 식물의 교체 선택은 변경되지 않기 때문에 동일한 환경조건에 잘 맞을 필요가 있어야함을 잊지 말라.

예를 들어 보겠다. 유크리피아*Eucryphia x nymansensis* 'Nymansay'는 천천히 자라는 상록수이다. 5년이면 심을 때의 크기에 따라 5m까지 이를 수도 있다.

	식물명	생육조건	속성
원래 선택	*Eucryphia* x *nymansensis* 'Nymansay' (유크리피아, 울모나무)	습하고 산성인 토양과 양지	높이 5m 상록수 기둥 모양 흰 꽃 계절: 여름/가을 식물 카테고리: 교목 향기로운 꽃

식물명, 생육조건 및 속성을 보여주는 표이다.

잠재적으로 50m에 도달할 수 있지만 몇 년 후에야 가능하다. 기둥 모양이며 늦여름과 가을에 흰색 꽃이 핀다. 뿌리는 축축한 산성 토양이 필요하지만 수관은 양지를 좋아한다.

이러한 속성을 고려하고 우선순위에 따라 배치하라. 여기서 가장 중요한 속성은 식물의 높이이다. 다음으로 상록수이며 기둥 모양이다. 이와 같은 식물은 디자인에서 강력한 구조적 요소가 되므로 높이, 모양 및 상록수 상태가 중요하다. 다음은 꽃이다. 계획에는 색 구성표에 흰색이 있을 수도 있고 없을 수도 있지만 대체 작업을 수행하기 위해 꽃이 전혀 필요하지 않을 수도 있다. 이것은 계절에도 적용된다. 이러한 사례 중 하나인 나무 유크라피아eucryphia는 우선순위가 낮다. 큰 관목이 아닌 교목처럼 보이려면 수년이 걸리므로 관목도 효과가 있을 수 있다. 마지막으로 향기가 있다. 유크리피아 꽃이 향기롭다는 사실은 이미 아름다운 식물에 더해진 장점이지만 향기는 일시적이며 근처에 다른 향기로운 식물을 배치하여 공급할 수 있다.

이러한 우선 순위는 전체 계획에서 식물의 기능에 따라 변경될 수 있다. 하얀 꽃과 향기가 최우선이 된다면 낙엽관목과 작은 나무 중 어떤 것이 더 어울릴지 고민해봐야 할 것 같다. 결정은 계획의 다른 식물과 관련하여 해당 식물이 수행해야 하는 역할을 기반으로 해야 한다.

그렇다면 같은 과의 다른 식물이 선택 사항이 아니라고 가정할 때 유크리피아 대신에 어떤 대안을 적용할 수 있을까? 생육조건과 가장 중요한 속성을 본다면 산성 토양과 양지를 좋아하는 상록 식물을 찾을 수 있을 것이다. 목록은 다음과 같다: 목련magnolia, 침엽수conifer, 대나무bamboo, 회양목box, 동백camellia, 에리카crinodendron, 칼미아kalmia, 마취목pieris, 진달래rhododendron 등이 있다.

그런 다음, 기둥 모양인 수종으로 다음 우선 순위를 살펴보고 적합하지 않은 모든 항목을 목록에서 제외한다. 회양목, 동백, 에리카, 칼미아, 마취목, 진달래 이외의 것들은 모두 반구형 모양을 만들 것이다.

태산목*Magnolia grandiflora*

	식물명	(생육, 환경)조건	속성(특성)
원래 선택	*Eucryphia* x *nymansensis* 'Nymansay' (유크리피아, 울모나무)	습하고 산성인 토양과 양지	상록수 기둥 모양 높이 5m-50m (그러나 천천히 성장) 흰 꽃 계절: 여름/가을 나무 향기로운 꽃
대안 선택	*Magnolia gradiflora* 'Little Gem' (태산목)	습하고 산성인 토양과 완전한 태양(양지)	상록수 기둥 모양 높이 5m-50m (그러나 천천히 성장) 흰 꽃 계절: 여름/가을 나무 향기로운 꽃

원래 식물과 대안 선택을 비교하는 표이다.

회양목은 기둥 모양으로 다듬을 수 있지만 필요한 크기에 있어서는 경제적이지 않을 수 있다. 이제 목련, 동백, 침엽수 및 대나무 등이 남았다.

다음 속성은 높이이며 동백나무는 충분히 키가 크지 않을 수 있다. 그래서 목련, 침엽수, 대나무만 남았다. 침엽수와 대나무도 꽃이 없으므로 결국 목련만 남았다. 일부 목련은 낙엽성이지만 *Magnolia grandiflora*는 상록수이며 늦여름과 가을에 꽃이 피기도 한다. *Magnolia grandiflora* "Little Gem"이 좋은 선택이 될 것이다. 다른 품종만큼 키가 크지는 않지만 원하는 기둥 모양을 가지고 있으며 꽃은 향기가 있다.

재배농가와 가든 센터는 대안을 찾는 데 도움을 줄 수 있지만, 적절한 대안을 찾기 위해서는 필요한 주요 속성을 강조해야 한다는 점을 기억하라. 동일한 과의 많은 식물은 완전히 다르게 보일 수 있다. 예를 들어 *Elaeagnus angustifolia* 'Quick Silver'는 초여름에 좁은 은회색 잎과 달콤한 냄새가 나는 꽃이 있는 작은 낙엽수로 큰다. 반면 *Elaeagnus ebbingii*는 가을에 작은 향기로운 꽃을 피우는 울창한 상록 관목으로 울타리에 둔다. 두 식물은 정원에서 완전히 다른 역할을 수행하지만 *ebbingii*는 종종 "Quick Silver"의 대안으로 제공된다.

보리밥나무*Elaeagnus ebbingii*

은엽보리수나무*Elaeagnus angustifolia* 'Auicksilver'

예산 책정

비용은 얼마를 써야 하나?

인스턴트 정원의 주요 단점은 비용이다. 큰 식물은 작은 식물보다 훨씬 비싸다. 그러나 큰 용기화분은 옮기고 땅에 큰 구멍을 파서 바로 심을 수 있는 실용적인 측면도 있다. 또한 큰 나무와 관목은 작은 식물보다 활착하는 데 더 오래 걸릴 수 있다.

인스턴트 정원의 대안은 훨씬 더 작은 식물을 사용하고 그것이 자랄 때까지 기다리는 것이다. 이것의 단점은 식물이 자랄 때까지 기다리는 동안 식물 사이사이가 맨땅으로 있다는 것이다. 이는 보기에 흉해 보일 수 있고 잡초가 자랄 가능성이 있는 곳이 될 수 있다. 절충안은 대부분이 좀 더 작은 몇 개의 식물로 더 큰 그룹으로 심는 것이다.

모든 예산과 마찬가지로 가능한 한 경제적으로 우선순위를 정하고 지출하는 경우이다. 일부 식물은 자연적으로 다른 식물보다 훨씬 빨리 자란다. 예를 들어 고광나무philadelphus는 2년 안에 크기가 두 배가 될 수 있는 반면, 진달래는 심었을 때와 같이 동일하게 보일 수 있다. 천천히 자라는 더 큰 식물에 투자하고 빨리 자라고 성숙하는 식물에 대해 절약하는 것이 합리적이다. 또한 식물이 계획의 설계 및 전체 구조에 얼마나 중요한지에 따라 달라진다. 전체 디자인을 뒷받침하는 아주 작은 회양목을 구입하고, 그것이 커지기를 기다리는 것은 지루하고 한심스러울 수 있다. 쉽고 빠르게 자라는 식물에 비용을 절약하고 즉각적인 영향과 즐거움을 줄 좋은 크기의 독립수에 투자하는 것이 좋다.

매우 큰 식물은 전문 재배농장에서 구입할 수 있으며, 집으로 식물을 배달하고 식재에 관해 조언을 해 줄 수도 있다.

식재 시기

정원이 완성되는 데 얼마나 걸리나?

디자이너는 종종 정원이 완성되는데 데 얼마나 걸리나요?라는 질문을 받는다. 토양 조건, 기후, 유지관리, 식물 유형 등과 같은 다양한 요인이 있기 때문에 대답은 항상 어렵다. 언급한 바와 같이 예산은 구매하는 식물의 크기를 결정하는 주요 요인 중 하나이지만 희망 목록에 대부분 느리게 자라는 상록수가 있는 경우 성숙할 때까지 오랜 시간을 기다리거나 더 큰 식물을 구입해야 한다. 재배자들이 그것들을 팔기 전에 더 오래 돌봐야 했기 때문에 이것들은 어쩔 수 없이 더 비쌀 것이다. 식물 목록에 있는 더 빨리 자라는 낙엽 관목과 다년생 식물은 더 작은 식물로 구입할 수 있으므로 더 저렴할 것이다.

그렇기 때문에 기존 식물은 특히 이미 다 자란 경우 새로운 계획에서 소중한 자산이 될 수 있다. 평균적으로 새로 심은 정원은 5년 후에 상당히 완성되어 보일 것이다. 5년 후에는 식물이 얼마나 잘 자랐는지에 따라 식재 중 일부를 검토하고 약간 조정해야 할 수도 있다.

구매 및 심기

식재 계획을 위해 식물을 구입하고 수집하는 데 몇 달 또는 며칠이 걸릴 수 있다. 시간이 얼마나 걸리든 대부분의 식물을 일단 집으로 가져오면 곧바로 땅에 심는 것이 좋다. 일부 식물은 심기 전에 화분에 잠시 들어 앉아 있는 것을 좋아할 수 있지만, 임의로 두어야 할 공간과 돌볼 시간이 필요하다. 가능하면 구매와 식재를 동시에 계획하라(식재 준비에 대한 정보는 8장을 참고하라.)

잘 계획된 가장자리는 수년 동안 즐거움을 줄 것이다.

08 식재 준비

무엇이 식물을 자라게 하나? 토양 개량, 퇴비 사용, 도구들, 심는 방법, 멀칭

작약 'Solang'

성공적인 식재 디자인은 모양, 형태, 크기, 대비 및 색상과 같은 식물의 모든 미적 요소를 함께 구성하는 데 달려 있다. 그러나 오래 유지될 정원을 위해서는 식물 생태학에 대한 이해도 있어야 한다. 식물이 어떻게 자라는지 서로 다른 유형의 토양이 식물에 어떤 영향을 미치는지, 최적의 성장을 위해 필요한 것들은 무엇인지 등이다. 식재 디자인을 계획하는 데 시간과 에너지를 쏟아 부은 후 좋은 토양과 같은 필수 요구 사항이 식물에게 제공되며 적절한 식재 기술을 이용하여 식물이 좋은 시작을 할 수 있도록 한다.

OPPOSITE PAGE: 휴케라 Heuchera**와 카루둔**cardoons**이 있는 회양목 토피어리**topiary

간단히 말해서 식물이 자라려면 물, 양분, 빛이 필요하다. 뿌리는 식물을 토양에 고정하고 안정시켜 필요한 물과 영양분에 얻기 위해 깊숙이 뻗는 역할을 한다. 잘 자리 잡은 성숙한 식물은 주변 토양에서 물과 양분을 최대한 흡수할 수 있도록 넓은 표면적을 가지는 광범위한 근계를 가지고 있다.

혼합 식재 계획은 색상과 구조를 만든다.

하지만 새로 심은 식물은 아직 덜 자란 근계와 광합성이 제한되는 적은 수의 잎을 가지고 있기 때문에 한정된 양의 물과 영양분만 흡수할 수 있다. 나근 또는 이식 관목의 미세한 뿌리털도 일부를 파낼 때 불가피하게 손상되기 때문에 어려움에 직면한다. 뿌리가 자라서 토양 속으로 뻗을 수 있을 때까지 건기에 물을 주어야 할 수도 있다. 식물의 종류가 무엇이든 목표는 작은 뿌리가 쉽게 들어갈 수 있는 토양과 퇴비 혼합물을 넣어 결국 강한 근계를 발달시킴으로써 심을 구덩이가 가능한 한 안락한 곳으로 만드는 것이다.

토양 개량

우리 대부분은 식물에 시간과 돈을 투자하여 정원을 개선하려고 노력하지만 종종 정원사는 토양을 돌봐야 할 필요성과 정원의 토질이 식물의 성장에 얼마나 많은 영향을 미치는지 알아차리지 못한다. 토양을 정원의 생명선, 모든 생물을 유지하고 무엇이 자라는가 뿐만 아니라 얼마나 잘 자라는가를 결정하는 살아 있는 유기체라고 생각하면 그 중요성이 어느 정도인지 알 수 있을 것이다.

자연계에서는 식물들 사이에 양분, 공간, 빛을 놓고 치열한 경쟁이 벌어진다. 더 강한 식물은 더 약하

절화용 꽃밭

고 작은 식물보다 생존하여 성장할 수 있는 충분한 자원을 확보한다. 밀물과 썰물이 있어 일부 식물은 일년 중 특정 시기에 열매를 맺고 꽃을 피운 다음 정막한 시간으로 다시 돌아간다. 토양은 점차적으로 부식되고 낙엽과 유기물에 의해 천천히 보충된다.

현대 정원은 이야기가 다르다. 우리는 식물을 서로 가깝게 심고 - 나무, 관목, 꽃, 허브, 과일, 채소 및 울타리를 포함하여 - 이 생산성이 높고 장식적인 것으로 기대한다. 토양의 비옥도와 구조를 개선하기 위한 간단한 조치를 취하지 않는 한, 그러한 조밀한 식재는 토양의 영양분을 빠르게 고갈시킬 것이다.

토양의 산도 또는 알칼리도(pH) 수준은 식물이 영양분을 흡수하는 방식에 영향을 줄 수 있기 때문에 정원에서 자랄 수 있는 식물을 결정할 수도 있다. 진달래와 동백나무는 필요한 영양소를 이용할 수 있기 때문에 산성 토양에서 잘 자라지만 알칼리성 토양에서 자라면 영양소는 토양에 묶여 사용할 수 없다. 토양이 알칼리성 또는 산성이라고 생각되면 우선 어떤 식물이 잘 자랄지에 대한 정보를 얻기 위해 테스트할 가치가 있다. 이는 쉽게 구할 수 있는 토양 검사 키트를 사용하면 된다(2장 참조).

토양 구조

토양 구조는 토성과 일관성이 있으며, 대부분의 식물에 이상적인 토양은 짙은 갈색에 영양분이 풍부하고 부서지기 쉽다. 이러한 토양은 식물이 수분과 영양분을 흡수한 다음 점차 배수되어 물에 잠기지 않도록 한다. 물론 일부 식물은 이러한 조건에 적합하지 않다. 지중해성 식물은 상대적으로 영양분이 부족한 가볍고 배수가 잘되는 토양을 선호하며 비옥한 토양에 심으면 실패한다. 반대로 습한 지역의 식물은 이러한 조건에 적응했기에 가벼운 모래 토양에서는 생존하지 못한다. 식물의 원산지에 대한 지식은 식물에 가장 적합한 조건을 나타낸다.

토양 유형

정원의 토양 유형에 대한 기본적인 이해는 어떤 종류의 식물이 그것에 가장 적합할 것인지 뿐만 아니라 적절한 수준의 영양분을 가진 최고의 생육상토를 제공하기 위해 어떤 조치를 취할 수 있는지를 아는 데 필요하다. 토양에는 세 가지 주요 유형이 있다.

건강한 토양은 건강한 식물을 만든다.

- 진흙 토양은 무겁고 겨울에는 쉽게 물에 잠기지만 여름에는 천천히 건조된다. 수분 함량이 높기 때문에 봄에 따뜻해지는 속도가 느릴 수 있지만 이로 인해 모래나 석회질 토양보다 영양분이 더 높다.
- 모래 토양은 가볍고 배수가 잘되며 물이 빠지면서 흙에서 용출되기 때문에 영양분이 적다. 그것은 가벼워 작업하기 쉽고, 봄에 따뜻해져서 씨앗이 더 빨리 발아하고 더 빨리 뿌리를 내릴 것이다.
- 석회질 토양은 알칼리성이며 가볍고 일반적으로 배수가 잘 되며 표토층이 얇아 영양분은 부족하다(6장 참조).

다행스러운 점은 토양 유형에 상관없이 개선을 위한 보편적인 해결방안이 있다는 것이다. 잘 썩은 거름이나 퇴비를 매년 멀칭으로 다량으로, 바람직하게는 8-10cm 깊이로 추가한다. 식재 구멍을 되메울 때 정원 흙과 혼합하여 심을 때에도 활용하라. 이것은 어떤 유형의 토양이든 개량함으로써 가벼운 토양은 영양분과 수분이 빠져나가지 않도록 돕고 점토 토양은 더 나은 토양 구조를 제공하여 배수가 잘 되고 물에 잠기지 않도록 한다.

퇴비 사용

퇴비는 다목적 상토라고 불리는 행잉바스켓과 화분에 사용되는 가든 센터의 퇴비를 포함하여 다양한 식재배지에 적용되는 혼란스러운 용어이다. 또한 약간 더 무겁고 자연토양 기반이며 식물이 성숙함에 따라 더 큰 화분 용기에 심는 데 사용되는 John Innes 화분용 상토를 말한다. 이러한 유형의 퇴비는 특수 작업을 위해 특별히 만들어지며 정원의 토양을 개선하는 데에는 도움이 되지 않는다.

피트모스는 과거에 퇴비로 흔히 사용되었지만, 이제는 천천히 만들어지는 이 자원이 급속히 고갈되고 있다는 사실이 인식되고 지역에서 특정 야생 동물을 위한 귀중한 서식처를 제공한다는 사실이 알려지면서 지금은 피트모스 사용을 권장하지 않는다.

정원사가 사용할 수 있는 대안이 많이 있으므로 구입하는 퇴비에 피트모스가 포함되어 있지 않은지 확인하라. 퇴비를 구입하는 경우 시간이 지남에 따라 유기물에서 삭힌 물질로 만들어진 ‘유기 퇴비’ 또는 ‘토양 개량제’를 찾으라. 그러나 가장 좋은 유형의 퇴비는 자신의 정원에서 퇴비화한 재료로 만들어진다. 저렴하고, 편리하고, 친환경적이며 그 안에 무엇이 있는지 정확히 알고 있다.

나만의 퇴비 만들기

정원에 모닥불을 피우지 않도록 하라. 그것들은 CO_2를 대기 중으로 방출하며, 나뭇잎과 정원 폐기물과 같이 무료로 구할 수 있는 부산물이 정원을 위한 귀중한 자원으로 바꿀 기회를 놓치게 된다.

퇴비를 만드는 일은 일단 자리 잡으면 매우 간단하고 쉽게 할 수 있다. 정원에서 곧 보상이 주어질 것이다. 아주 간단한 과정이라 이러한 혜택이 어떻게 일어날 수 있는지 상상하기 어렵다. 집에서 만든 퇴비는 정원 식물이 자라는 방식을 개선하는 가장 좋은 방법이며 퇴비가 종종 블랙 골드라고 불리는 이유를 쉽게 알 수 있다.

정원 퇴비

퇴비화할 수 있는 것	
주방쓰레기	정원 폐기물
티백	예초된 잔디
커피 찌꺼기	부드러운 식물(즉, 나무가 아닌) 가지치기
야채 껍질	사용한 채소 식물
계란 상자	절화
키친 페이퍼로 만든 골판지 튜브	작은 나뭇가지
바나나 껍질과 사과 심	연간 잡초
퇴비화할 수 없는 것	
주방/집에서 만든 음식	정원에서 병든 식물
고기	피트모스, 깔짚
물고기	가지
유색/코팅지	화학 물질로 처리된 식물 재료, 다년생 잡초

이 과정은 모든 생물이 부패하여 부엽토로 변한다는 단순한 원리에 따라 작동된다. 박테리아는 퇴비에 포함된 공기를 먹는다. 부서지기 쉬운 질소가 많은 퇴비가 그 결과이다.

병에 걸리거나 해충에 감염된 식물, 민들레나 메꽃과 같은 다년생 잡초의 뿌리 또는 조리된 음식을 사용하지 말라. 잔디밭에 화학물질을 사용한 경우 자른 잎들이 퇴비더미에 넣을 때까지 2~3주 정도 기다려라.

부엽토 퇴비

낙엽은 썩는 데 시간이 더 오래 걸리기 때문에 일반 정원 퇴비와 별도로 처리하는 것이 가장 좋다. 이것은 일반적으로 정원에서 쓰레기라고 생각되는 것을 사용하여 토양을 개량하는 귀중한 자재로 바꾸는 만족스러운 방법이다. 모든 낙엽은 결국 썩지만 일부는 다른 것보다 오래 걸린다. 참나무, 오리나무, 서어나무속이 가장 빠른 반면 플라타너스, 너도밤나무, 밤나무, 칠엽수가 가장 오래 걸린다. 가을과 겨울에 울타리 아래에서 나뭇잎을 수집할 때는 고슴도치와 다른 생물이 동면할 수 있으므로 주의하라.

가을마다 정원에 떨어진 낙엽이 적다면 모아서 비닐 봉투에 보관하라. 정원용 포크로 측면에 몇 개의 구멍을 뚫고 내용물에 물을 가볍게 뿌린 다음 비닐 봉

부엽토 컨테이너

투를 묶고 1~2년 동안 인적이 뜸한 곳에 보관한다.

가끔 확인하여 내용물을 휘저어라. 특히 여름에 건조하진 않는지 확인하라.

정원에서 잎이 많이 나오고 공간이 충분하다면 맞춤제작용 퇴비통 1~2개가 적합하다. 컨테이너를 만드는 데 필요한 것은 철조망 또는 어떤 형태로든 지면 위 4개 기둥에 부착된 그물망이다. 내용물을 아주 가끔 뒤집어 마른 쪽이 가운데로 섞이도록 하여 발효과정을 돕는다. 만들어진 부엽토는 멀칭으로 사용하거나 구멍을 파서 토양구조를 개선할 수 있다.

비료

기본적인 정원 비료는 질소, 인산 및 칼륨이며 유기질 또는 무기질 형태로 제공된다. 건강한 토양은 일반적으로 식물이 자라는 데 필요한 대부분의 양분을 함유하고 있다. 그러나 한 계절에 급속도로 자라는 채소, 다년생 식물 및 일년생 식물과 같이 배고픈 식물을 재배할 때는 영양분 수준을 개선하는 것이 필요할 수 있다.

무기질 비료

무기질 또는 화학 비료는 가든센터에서 쉽게 구할 수 있다. 대부분은 N:P:K(N은 질소, P는 칼륨, K는 인산의 화학 기호)로 표시되는 함량 비율을 제공하는 안내표시문을 가지고 있다. 7:7:7의 비율은 각각 동일한 양의 균형 잡힌 비료이며, 4:2:6의 비율은 인산 비율이 더 높아 꽃과 과일을 촉진하는 데 사용된다. 이러한 무기질 비료는 식물이 쉽게 이용할 수 있는 형태로 생산되므로 식물에 빠르게 흡수된다. 그러나 그들은 토양에 빠르게 빠져나가 오랫동안 유용하지 않기 때문에 정기적으로 시비해야 하고 비용이 많이 들 수 있다.

촘촘하게 심은 초본 식물은 주어진 액체 비료를 잘 흡수한다.

유기질 비료

유기질 비료는 해초와 같은 식물성 재료와 동물성 부산물, 예를 들어 혈액, 생선 및 뼈 또는 알갱이로 만든 닭 배설물에서 유래한다. 컴프리 또는 쐐기풀 차와 같은 액체 비료는 식물을 찧은 잎으로 만든 다음 적당한 크기의 뚜껑이 달린 용기에 넣어 둔다. 생성된 액체는 물에 희석되어 저렴하고 효과적인 비료를 만든다. 유기질 비료는 그 성분을 더 천천히 방출하며, 일반적으로 적용 후 토양에서 분해되어 식물이 사용할 수 있게 되기까지 일정 기간이 필요하다.

심기 위한 부지 준비

심을 준비가 되기 몇 주 전, 식물을 선택하거나 심을 적절한 시기를 기다리는 동안 토양 준비를 시작할 수 있다.

잡초 다루기

끈질긴 다년생 잡초는 뿌리채 제거해야 하며 그렇지 않으면 계속해서 다시 나올 것이다. 새로 식재하여 자라는 경우 이러한 식물과 자원 경쟁을 하게 된다. 설명된 모든 방법이 효과적이려면 시간이 걸리기 때문에 친환경적으로 정원을 가꾸는 경우 인내가 필요하다.

메꽃과 같은 고집스러운 잡초를 파지 않도록 주의하라. 작은 뿌리 조각이 토양에 남아 있을 때 무심코 번식할 수 있기 때문이다. 화학 물질을 사용하지 않고 잡초를 제거하는 가장 간단한 방법은 잡초를 정기적으로 제거하는 것이다. 이것은 그들을 약화시키고 결국 그들은 그냥 고사한다. 잡초가 자라는 곳 또한 빛과 강우를 차단하고 결국에는 잡초를 죽이는 비닐포장재와 같은 강력한 재료로 덮음으로써 죽일 수 있지만 대부분의 비닐은 보기 흉하다.

화학 물질을 사용할 생각이라면 글리포세이트(1974년 몬산토가 개발한 제초제 '라운드 업'에 들어가는 주요 성분, 비선택적 침투성 제초제)는 매우 효과적이어서 식물을 뿌리까지 바로 죽인다. 또한 닿는 이웃 식물을 죽이기 때문에 살포할 때 주의하라. 식물이 자라고 있을 때만 효과가 있으므로 겨울에는 사용하지 않는다. 큰 식물은 잘라서 크기를 줄일 수 있으므로 기부 근처의 잎 몇 개만 처리하면 된다.

토양을 준비하는 동안 식물성 부산물을 퇴비화할 수 있지만 개밀couch grass, 메꽃bindweed, 산미나리ground elder나 기타 다년생 잡초 또는 제초제로 처리된 식물과 같은 잡초의 뿌리는 포함하지 말라.

비료 및 퇴비 추가

계분과 같은 비료를 심기 2주 전에 파서 넣어 줌으로서 토양속으로 흡수될 시간을 준다. 그리고 퇴비가 충분하지 않으면 토양 개량제를 충분히 주문하라.

기존 관목 이식

식물이 전혀 없는 정원에서 시작할 가능성은 거의 없다. 그래서 일부 준비할 일에는 관목을 정원의 새로운 장소로 옮기거나 다른 사람에게 나누어 주는 것이 포함될 수 있다.

이미 자리 잡은 식물을 옮길 때 생존을 보장할 수 없으며, 장미와 목련과 같은 일부 종은 이를 강하게 거부하여 완전히 이식을 포기할 수도 있다. 그러나 하자를 줄이기 위해 취할 수 있는 몇 가지 조치가 있으며 심기에 적절한 시기를 선택하는 것이 그 중 하나이다. 낙엽성 식물의 이동 적기는 10월 하순부터 3월 중순까지이다. 상록수는 토양이 아직 약간의 따뜻함이 남아 있는 10월이나 다시 따뜻해지기 시작하는 3월 말에 옮기는 것이 가장 좋다. 식물을 파낼 때 잎을 통해 수분을 계속 잃게 되지만 뿌리를 통해 수분을 흡수할 수는 없다. 따라서 가을의 화창하고 따뜻한 날에는 굴취하는 것을 피하라. 뿌리가 새로운 위치에 자리잡을 때까지 물을 흡수할 수 있도록 이식하기 며칠 전에 식물에 물을 준다. 축축한 토양은 뿌리에 더 잘 달라붙어 이동 중에 뿌리를 보호할 수 있다.

식물을 심기 전에 충분한 양의 유기질 퇴비를 섞어주고 배수를 돕기 위해 바닥의 토양을 긁어서 새로운 입지를 준비하라. 식재 구멍이 당신이 예상하는 뿌리분의 크기보다 넓고 깊은지를 확인하라. 식물을 조심스럽게 파서 가능한 한 뿌리에 손상을 입히지 않고 뿌리 주변에 약간의 흙을 유지하려고 노력한다. 어떤 형태이든 시트 위로 들어 올리고(축축한 자루가 바람직할 것이다) 식물이 새로운 위치에 잘 자리잡을 때까지 뿌리가 마르지 않도록 덮는다.

즉시 다시 심을 수 없다면(아마도 다른 곳으로 옮겨 심을 것이다) 그늘에 있는 화분에 심거나 임시 구멍이나 도랑을 파라. 영구적인 위치로 이동할 수 있을 때까지 뿌리가 덮이도록 부드럽게 기울여준다. 대규모의 묘목장은 성숙한 나무와 관목을 옮기기 위한 전문 장비를 갖추고 있으며, 옮겨야 하는 다 자란 나무가 있는 경우 전문가를 부르는 것이 최선의 선택이 될 수 있다.

식재

인생의 대부분이 그렇듯 타이밍이 중요하다. 이론상으로는 플라스틱 화분의 등장으로 1년 내내 식재가 가능해졌지만, 실제로는 1년 중 특정 시기에만 파종하는 것이 합리적이다. 식물은 여름이나 따뜻하고 화창할 때 심으면 스트레스를 받는다. 그들은 아직 다 자라지 않았거나 손상된 뿌리 시스템을 통해 충분한 물을 흡수하기 위해 고군분투한다. 식물은 열악한 환경에서 생존하기 위해 온갖 수단을 동원한다. 활용 자원이 적기 때문에 더 느리게 자랄 수도 있고, 잎사귀 일부를 떨어뜨림으로 부피를 줄여 식물 엽면적을 줄일 수도 있다. 그 결과 덜 매력적이고, 더 작고, 더 약한 식물이 되었고, 따라서 병해충과 질병에 더 취약할 것이다. 영국 남부에서 식재에 이상적인 시기는 땅이 아직 따뜻하지만 날씨가 더 시원하고 습하여 새로 심은 식물에 부담을 덜 주는 초가을이다. 이것을 실패하면 땅이 물에 잠기거나 얼지 않는 한 겨울부터 초봄까지 언제라도 적합하다. 가벼운 모래 토양은 겨울에 심기에 더 좋은 환경을 제공한다. 무거운 진흙은 수분 함량이 높아 새 식물에 춥고 비우호적인 장소가 될 수 있다. 연중 이맘때에는 기상 조건이 일정하지 않고 국가마다 지역마다 많은 차이가 있으므로 어느 정도 개인적인 판단을 내려야 한다.

여기까지 오는 데 그 모든 시간과 돈을 들였으므로 귀중한 식물이 가능한 한 최상의 꽃을 피울 수 있도록 심기 위해 잘 준비하는 것이 이치에 맞다. 잘 썩은 유기질 퇴비를 충분히 첨가하여 토양을 건강하게 하고, 잡초, 특히 다년생 잡초를 제거하여 토양을 준비할 것이다.

공급자가 식물을 배송한 경우 그늘지고 보호된 장소에 식물을 내리고 상태를 확인한 후 수락하고 서명한다. 도착 시 물을 주어야 하고 심기 직전에 다시 살펴보고 뿌리가 마르지 않았는지 확인해야 한다. 전체 화분을 물통에 담가라. 기포가 표면으로 올라온다. 이것이 멈추면 모든 토양 내 공기가 물로 대체되고 뿌리분이 포화되었음을 알 수 있다.

식재 시 도움을 받는 경우 정원사가 심는 방법을 알고 있는지 확인하라. 이 작업은 종종 미숙련자가 해도 되는 일로 간주되며 식물과 식물이 어떻게 자라는지 이해하지 못하는 사람에게 위임될 수 있다. 올바른 식재 기술은 식물이 건강한 독립수로 잘 자라며 질병과 해충에 덜 취약하도록 한다.

관목

화분에 심은 관목

관목과 교목은 겨울 동안 휴면 상태인 것처럼 보일 수 있지만 근계는 계속해서 발달한다. 봄철에 심으면 토양을 통해 뿌리를 뻗을 시간이 줄어들 것이다. 여름에 심으면 생존하기 위해 고군분투하며 생존을 위해 정기적으로 물을 주어야 한다.

관목을 심는 방법

심기 전에 식물에 물을 충분히 주었는지 확인하라. 화분을 기준으로 뿌리가 들어갈 수 있을 만큼 충분히 큰 구덩이를 파고 뿌리분보다 약간 더 깊고 넓게 만든다. 뿌리가 뻗을 수 있는 충분한 공간을 남겨둔다. 식재 구덩이의 측면과 바닥을 포크로 긁어주어라.

집에서 손수 만들거나 구입한 퇴비를 식재 구덩이 바닥에 넣고 나머지는 식재 구덩이에서 나온 흙에 섞는다. 식물이 화분에서 자라는 것과 같은 깊이로 식물을 심을 수 있도록 토양의 높이를 맞춘다. 줄기에 표시가 잘 보인다.

식재 구덩이에 식물을 놓고 뿌리 주변에 흙을 채우기 시작한다. 처음에는 식물을 부드럽게 흔들어 뿌리 사이에 흙이 들어가도록 한다.

토양 내 공기가 남지 않도록 발뒤꿈치로 흙을 부드럽게 다져주되 흙이 압축되지 않도록 주의하라. 완료되면 물을 충분히 주라.

이러한 식물들은 일반적으로 약하고 해충과 질병에 더 취약하다. 성숙한 식물은 매우 변화무쌍한 나라의 기후에 잘 적응하고 예기치 않은 조건에서도 생존할 수 있다. 적절한 조건이 주어지면 뿌리는 식물이 필요로 하는 것 이상으로 발달할 것이다. 이는 가뭄과 같은 불리한 조건에 대한 보호 조치이다.

나근 관목

나근 식물은 늦가을에 구할 수 있다. 화분이나 용기 없이 판매되며, 나근묘는 뿌리 주위에 철사와 헤시안 랩hessian wrap으로 감싸서 판매된다. 가장 큰 장점은 화분으로 구입하는 것보다 저렴하기 때문에, 새로운 울타리를 만들기 위해 많은 갯수의 식물이 필요한 경우에 이상적이다.

우편으로 배달되는 나근묘 과수

라즈베리raspberry는 영구적인 위치에 심을 수 있을 때까지 눕힌다.

구스베리gooseberry와 라즈베리raspberry와 같은 과일 덤불과 식물을 구입하는 것도 좋은 방법이다. 이러한 종류의 낙엽성 식물은 가을에도 용기에 넣지 않고도 잘 견디며 우편으로 보내기에 이상적이다. 그들은 도착하자마자 포장을 풀고 영구적으로 심을 수 있을 때까지 임시 장소에 심어야(기울여서 가식)한다. 선택의 폭이 넓은 여름이 끝날 무렵에 주문하라.

나근 식물을 심을 때 균근은 유용한 촉진제이며 값비싼 독립수를 심을 때 특히 좋다. 완전한 효과를 발휘하려면 심을 때 뿌리에 닿도록 균근을 뿌려야 한다. 그들은 일부 토양에 자연적으로 존재하고 식물과 공생관계를 갖는 지하 균류의 대규모 네트워크를 형성한다. 뿌리에서 탄수화물을 공급받는 대신 영양분과 수분을 흡수하는 뿌리의 능력을 더욱 향상시킨다.

겨울에는 흥미로운 나무 모양이 드러날 수 있다.

교목

나무를 잔디밭에 심을 경우, 직경 약 50cm로 풀을 모두 제거하라. 이것은 물과 영양분을 놓고 경쟁하는 나무 밑동 주변의 풀과 잡초를 방지한다.

식재 구덩이는 뿌리분보다 10-15cm 정도 넓게 만들어라. 구멍 바닥 위로 포크로 긁어라. 이는 배수와 뿌리 활착에 도움이 될 것이다. 약간의 비료와 섞인 두툼한 유기물을 넣어라. 구덩이에서 나온 흙과 퇴비를 섞는다.

이제 지주대를 박을 단계이다. 지면에서 약 60cm 떨어진 곳에 단단히 고정하라. 짧은 지주대는 나무의 움직임을 허용함으로써 안정감을 위해 뿌리 성장을 촉진한다. 나무 지주대로 뿌리를 손상시키지 않도록 주의하라. 가로대가 부착된 나무 양쪽에 두 개의 작은 말뚝을 사용하는 것이 더 쉬울 수 있다. 지주대에 가까운 식재 구덩이에 나무를 놓고 뿌리를 펼친다. 재배농가에서 자란 것과 같은 높이로 나무를 심었는지 확인하라. 이것은 나무 밑둥 주위의 구분선으로 쉽게 볼 수 있다.

식재 구덩이를 점차적으로 다시 메우고 나무를 부드럽게 흔들어 뿌리 사이에서 토양이 잘 들어가도록 한다. 발뒤꿈치로 흙을 단단하게 다진다.

나무가 지주대에 긁히지 않도록 나무와 지주대를 8자 모양으로 감싸는 고무줄로 나무를 지주대에 고정한다.

유연한 관수관은 전문 묘목장에서 구할 수 있다. 나무가 잘 자리 잡을 때까지 쉽게 물을 뿌릴 수 있도록 끝부분이 흙 위로 튀어 나온 상태로 식재 구덩이의 가장자리 주위를 두른다.

나무가 자라면서 고정끈을 정기적으로 확인하고 줄기가 자라면서 굵기정도에 따라 느슨하게 한다. 지주대는 나무가 자리를 잡을 때까지 나무를 돕는 보조 수단일 뿐이며 세 번째 시즌이 지나면 제거해야 한다. 그래야 나무가 바람에 약간 움직이면서 강하고 안정된 뿌리가 자란다.

나무의 줄기를 덮지 않도록 주의하면서 약 5cm 깊이로 나무 밑둥 주위에 멀칭을 한다. 이것은 토양의 수분을 유지하고 잡초의 성장을 줄이는 데 도움이 된다.

초본식물과 벼과식물

초본식물은 겨울 동안 차가운 토양에 뿌리를 내리는 것을 좋아하지 않기 때문에 겨울이 끝날 때나 이른 봄에 대부분 심는다. 봄이 다가옴에 따라 성장의 작은 징후를 찾으라. 일반적으로 새로 나오는 잡초는 토양이 심을 준비가 될 만큼 따뜻해지고 있다는 좋은 신호이다.

도구들

모든 공예품과 마찬가지로 정원 도구는 매우 개인적인 소유물이 되며 보통은 대단한 열정과 숭고한 의도로 구입하거나 물려받는다. 가격표를 보기 전까지는 가든 센터의 갈고리에 매달린 반짝이는 새 도구가 매우 매력적으로 보일 수 있지만 정원 도구는 투자해

정원 도구 및 장비

좋은 품질의 도구를 사용하는 것이 좋다. 더 오래 가고 작업이 더 쉬워진다.

전정 칼날을 날카롭게 하고 기름칠

- 크로스오버 액션을 갖춘 최고 품질의 전지가위
- 손잡이가 긴 가지치기 가위
- 가지치기용 칼
- 가지치기용 톱과 예비날

심기

- 좋은 품질의 삽 - 스테인리스 스틸은 가볍고 깔끔한 커팅을 제공한다.
- 적절한 크기와 무게의 갈퀴 - 여성용 갈퀴는 더 작고 가벼워 성별에 관계없이 좁은 공간에서 작업하는 데 유용하다.
- 작은 모종삽과 소형 갈퀴

잔디

- 잔디 깎는 기계 - 잔디 규모에 맞는 크기(정기 서비스)
- 예초기 헤드 나일론줄
- 잔디 갈퀴
- 잔디 가장자리 큰 가위 - 긴 손잡이 또는 전기
- 반달 엣지half-moon edger

채소밭

- 더치 괭이(칼날이 납작함) - 흙 표면을 가볍게 부수고 작은 잡초를 자르기 위해 앞뒤로 미는 동작에 사용된다.
- 갈퀴

일반적인 도구

- 다양한 길이의 호스가 있는 물뿌리개
- 가위(날카롭게 유지하고 기름칠)
- 울타리 트리머(전지가위) - 울타리 크기에 적합하게
- 호스가 부착된 호스 파이프 및 릴reel
- 손수레 - 보관이 제한적인 경우 접는 손수레 고려
- 플라스틱 트러그trugs - 무한한 용도로 사용된다. 퇴비를 섞거나 심기 전에 식물을 담그기 위해 물을 채운다.
- 부피가 큰 쓰레기를 운반하기 위한 운반용 시트 및 가방
- 식물 지지대 - 몇 가지 다른 유형
- 망치와 아연도금 못
- 좋은 원예 장갑
- 차광모자와 장화
- 원예 참고 도서

새로운 도구는 매우 매력적으로 보이지만 투자이므로 현명하게 선택하라.

야 한다. 필요한 도구의 양과 범위는 정원의 크기와 유형, 체력 및 정원 가꾸기 능력에 따라 다르다.

10분만 기계를 사용해도 지압 서비스가 필요하다면 거대한 울타리 전지톱을 구입하지 말라. 현장에 잔디깍는 기계만 좋은 선택이라고 할 수 있나? 빛을 결코 보지 못하고 아름답게 만들어진 정원 도구로 가득 찬 많은 창고와 선반이 있다. 반면 거의 매일 사용하기 때문에 절대 치우지 않는 한 쌍의 전지가위는 부엌 선반에 놓여 있다. 그렇다면 전지가위는 돈으로 살 수 있는 최고의 품질이어야 한다. 1년에 한 번씩 서비스를 받는다면 손주들이 물려받을 것이다.

요리나 DIY 도구와 마찬가지로 대부분의 정원사는 다양한 정원 도구가 필요하지 않다. 감당할 수 있는 최고의 품질로 엄선한 몇 가지 품목이 값싼 품목으로 가득 찬 창고보다 더 나은 서비스를 제공할 것이다. 정원 도구와 장비를 대여하는 회사는 많이 있으며, 이는 연간 사용되는 도구에 대해 더 경제적일 수 있다. 또한 보관 또는 유지 관리 문제가 없다.

사후관리

멀칭

멀칭은 식재가 완료되고 매년 토양 표면에 뿌리는 다양한 재료를 일컫는 말로, 수분 손실을 줄이고 잡초의 성장을 늦추기 위해 덮어준다. 멀칭은 흙이 따뜻해지고 마르기 전인 이른 봄에 뿌리는 것이 가장 좋다. 10cm 깊이로 덮으면 멀칭은 토양의 수분을 유지하는데 매우 효과적일 수 있다. 잡초억제로서 유기질 멀칭은 일년생 잡초만 억제한다. 여러해살이 잡초는 너무 끈질기게 자라지만, 널빤지나 비닐 시트와 같은 무기질 멀칭재로 덮어서 없앨 수 있다.

퇴비화된 나무껍질과 같은 유기물은 천천히 토양 속으로 분해되어 토양 구조를 개선한다는 추가적인 이점이 있다.

멀칭

유기질 멀칭(결국 분해됨)		무기질 멀칭(분해되지 않음)	
손으로 만든 퇴비	양분 제공, 토양 구조 개선	자갈	잡초 억제에 좋고, 영구적이다.
나무 껍질	분해될 때 양분 방출이 낮음, 토양 구조 개선	비닐 시트	위와 같고, 보기 흉하지만 저렴하다.
코코아 껍질	위와 같지만 비용이 더 많이 든다.	부직포	흙 위에 그리고 나무껍질이나 자갈과 같은 멀칭 아래에 사용하면 수년 후에 점차 분해된다.
잘 썩은 농장 마당식 거름	위와 같고 상대적으로 저렴하다.		

관수

특히 식물이 자라기 시작하는 이른 봄에 건조한 경우 올바른 관수는 좋은 활착의 핵심 사항 중 하나이다. 여름에는 서늘한 날에 식물에 물을 주고 지면 가까이에 뿌리를 내리게 하는 소량의 물보다는 충분한 물을 준다. 잘 썩은 퇴비를 섞은 토양은 식물이 마지막 수분 한 방울까지 지닐 수 있도록 도와주어 뿌리가 수분을 흡수할 시간을 갖게 한다.

새로 심은 나무와 관목은 빨리 자리를 잡아야 한다. 이는 근계를 발달하고 새로운 위치에 정착할 수 있음을 의미한다. 식물 선택, 토양 및 준비에 대한 위의 모든 정보와 조언을 따랐다면 좋은 시작이 될 것이다.

봄에 멀칭을 해주면 초본 식물에게 완벽한 토양 조건이 제공된다.

09 창의적인 유지관리

영양분 공급, 제초, 해충, 기후 및 가뭄으로부터 보호, 전정 및 지지대, 용기화분 관리

Great Dixter의 봄 구근

전문적 지식과 천부적인 감각으로 식재 계획을 하고 식물을 땅에 성공적으로 심는 것이 이야기의 끝이 아니다. 식물은 정원의 조건에 적합하고 완벽할 수 있지만 그 다음에는 어떻게 될까? 그들은 성장하거나 적어도 최선을 다해 자랄 것이다. 그들은 잎, 꽃, 씨앗, 심지어 열매 조차도 새로운 성장을 위해 크기가 커질 것이다. 때로는 생물에게 먹히고, 질병의 공격을 받고, 날씨에 시달리게 될 것이다. 그런 다음 신참 식물이 새로 막 파낸 흙을 통해 정원을 침범하여 불청객으로 거주하게 될 것이다.

OPPOSITE PAGE: RHS Garden Wisley의 혼합식재 경계 가장자리

우리가 이 잡초를 제멋대로 놔두면, 그들과 경쟁하는 새로 심은 식물 전체를 기어오르게 된다. 그들이 이웃식물에게 무법자이기 때문에 아마도 이길 것이다. 신중하게 선택한 덩굴식물과 벽관목은 덮기를 원하는 울타리나 벽을 무시하고 반대 방향으로 향하여 땅을 따라 기어가거나 이웃 식물 위로 기어오를 것이다. 심지어 옆집 정원의 모습과 울타리 옆에 있는 꽃을 더 좋아할 수도 있다.

그래서 분명한 해결책은 괜찮은 구식 정원 가꾸기이다. 식재 디자인이 실제로 잘 운영하려면 식물이 번성하고 발육할 수 있도록 식재를 확립하는 데 지식, 시간 및 헌신 등이 필요하다.

이 장에서는 맨 처음 디자인의 결과를 보장하고 매우 창의적인 프로세스가 될 수 있는 지속가능한 정원의 유지관리를 통해 정원의 장기적인 비전과 건강함에 어떻게 도움이 될 수 있는지 살펴본다. 정원은 결코 완성되지 않았다. 항상 진행 중인 일이다.

정원사의 달력

헌신적인 정원사만이 춥고 축축한 겨울에 일하기 위해 기꺼이 밖으로 나갈 준비가 되어 있을 것이다. 그러나 땅이 눈 아래에 있거나 얼거나 물에 잠기지 않는 한 이것은 정원사의 일정에서 가장 바쁜 시간이 될 수 있다. 가을 한가운데서 문을 닫고 봄에만 다시 나가는 것은 안된다! 정원이 '잠든' 동안 많은 작업을 수행할 수 있으며 모든 것이 깨어나기 시작한 봄 중반까지는 너무 늦을 수 있다. 새로운 고사리 순이 나오기 전에 작년의 고사리 잎을 자르려면 적기와 관찰이 필요하다. 너무 늦게 두면 이른 봄에 기쁨을 주는 아름다운 잎사귀가 손상될 수 있다. 너무 일찍 제거하면 싹이 서리에 취약하다.

심기, 옮기기, 가지치기는 모두 가을과 겨울에 할 수 있다. 봄에는 번식하고 씨를 뿌리고 용기화분을 다시 분갈이해야 한다. 이 모든 것을 봄이 끝날 때까지 놔두면 일거리가 너무 많고 모든 식물이 다시 자라기 시작했기 때문에 너무 늦을 수도 있다. 그러나 겨울이 끝나기 전에 정원을 정리하지 않는 것에 대한 그럴듯한 주장이 있다. 죽은 잎사귀는 야생 동물에게 은신처와 씨앗을 제공하고 부드러운 새싹과 눈이 추위와 서리로부터 보호할 수 있기 때문이다.

따라서 적기가 중요하며 날씨와 정원의 첫 번째 성장 징후를 면밀히 주시해야 한다. 잡초 씨앗이 싹을 틔우면 토양이 따뜻해졌다는 것을 잊지 마라. 최고/최저 온도계와 우량계가 있는 기본적인 기상 관측기계에 투자하여 정원의 변화를 측정하고 인터넷의 기상 서비스를 사용하여 사전에 정보를 얻어라.

이른 봄에 새로 나온 삼지구엽초epimedium**의 잎**

일거리	9월	10월	11월	12월	1월	2월	3월	4월	5월	6월	7월	8월
관목	장미 시든꽃 제거 여름개화 관목 전정	장미 시든꽃제거 여름개화 관목 전정	새로운 관목 식재		장미전정	오래된 고사리 잎 잘라내기, 전정	겨울개화 관목 전정	내한성 약한 관목이나 허브 식재, 세이지 잘라내기		봄개화관목 전정	장미 시든꽃 제거, 초여름 개화 관목 전정	장미 시든 꽃 제거
교목					배나무 전정		월계수 전정	올리브나무 손질				
덩굴 식물	새로운 성장에 붙들어 매기				덩굴장미 전정과 유인, 울타리 와이어 확인	여름 클레마티스 잘라내기, 달팽이 피해 확인	겨울개화 덩굴식물 잘라내기	새로운 식물 붙들어 매기	새로운 식물 붙들어 매기	장미 시든꽃 제거 새로운 식물 붙들어 매기	장미 시든꽃 제거 새로운 식물 붙들어 매기	장미 시든꽃 제거 새로운 식물 붙들어 매기
다년생 초화류						죽은 줄기제거 및 정돈	지지대 설치 및 다년생 분주	새로운 다년생 식물 심기	시든꽃 제거	시든꽃 제거	시든꽃 제거, 지지대 확인	시든꽃 제거, 초기 식물 잘라내기
구근류		봄 구근 심기 화분에 구근 정리하기	여름 구근 주문		스노 드롭 확인	구근 잎의 달팽이 손상 주의		여름 구근 심기 화분 내 구근 확인			가을 배송을 위해 봄 구근 주문	
잔디밭		시비	잔디 깎는 기계를 서비스 받다	죽은 잔디 잎 제거			잔디가 자라면 매주 잔디 깎기 시작	맨땅에 풀씨를 뿌리다	시비	매주 깎다	매주 깎다	매주 깎다
연못 (수생)		죽은잎제거	펌프 청소			개구리 알을 찾아라	깔끔한 식물 정돈과 깨끗한 부스러기 치우기	새로운 수생 식물 사기			수위 확인 및 연못 잡초 제거	수위 확인 및 연못 잡초 제거
두엄더미 (퇴비통)		벌레 베이스 액체 비우기	벌레 사육장 마무리			벌레 사육장 풀기	벌레 사육장 비우기				벌레 베이스 액체 비우기	
화분	겨울을 나다.	밑받침접시 제거	버블 랩으로 보호			여름 화단 결정 및 주문	버블 랩 제거 퇴비로 오래된 용기충전 후 재식	여름식재 밑받침 교체 및 재정렬	장미와 관목 시비		장미와 관목 시비	
관수	관개 시스템 분리 및 자동 타이머 제거		서리가 내리기 전 외부 수도꼭지와 파이프 감싸기			관개 시스템 확인	물통 청소	화분용 관수 재연결		가장자리용 관수 재연결		
충해	달팽이 제거, 방제	달팽이 제거, 방제	달팽이 제거, 방제					달팽이 제거, 방제, 진딧물 주의	달팽이 제거, 방제	달팽이 제거, 방제, 진딧물 주의		
설계	나중에 참고할 수 있도록 사진 찍기				올해 심기 계획 변경			나중에 참고할 수 있도록 사진 찍기	나중에 참고할 수 있도록 사진 찍기	나중에 참고할 수 있도록 사진 찍기	나중에 참고할 수 있도록 사진 찍기	나중에 참고할 수 있도록 사진 찍기
야생 동물	새 모이통 청소둥지 상자	새 모이통과 곤충 상자	새 모이통	새 모이통	새 모이통	새 모이통	새 모이통, 여우 억제제 (기피제) 확인	새 모이통	새 모이통	새 모이통	새 모이통	새 모이통
장비 (도구)				전지가위와 가위를 날카롭게 갈 것	깔끔한 창고 및 Xmas 목록에 도구 추가	잔디 깎는 기계 서비스 받기						

일년 내내 작업을 정리하는 데 도움이 되는 맞춤형 정원 가꾸기 달력을 만들어라.

영양 공급

우리는 다른 장에서 토양의 지질학적 이해의 중요성에 대해 이야기했으므로 여기서는 토양의 건강을 유지하는 방법을 살펴보겠다. 거의 모든 정원 토양을 개량할 수 있지만 필요한 개량 정도는 식재 대상에 따라 크게 달라진다.

교목과 관목의 저관리 계획은 환경조건이 적합하다면 시작하는 데 약간의 도움이 필요하다. 일단 자리를 잡으면 뿌리 주위에 가끔 좋은 퇴비를 덮어주면 아무 문제없이 잘 자랄 것이다.

만일 계획이 혼합 관목, 초본 다년생 식물 및 다양한 벼과식물과 구근으로 구성된 경우 토양은 이러한 모든 다양한 요구 사항을 반영해 많은 작업을 수행해야 한다. 일부 식물은 이웃 식물보다 더 많은 양분과 수분을 원할 것이다. 일부는 덜 원할 것이다. 목표는 식물이 사용하고 빗물에 의해 빠져나간 양분을 정기적으로 되돌려주는 것뿐만 아니라 좋은 토양 구조를 유지하는 것이다. 이를 위한 최선의 방법은 좋은 정원용 퇴비로 된 멀칭을 사용하고, 필요하다면 식물 비료를 사용하는 것이다(8장 참조).

토양을 개량한 결과 식물이 영양분에 더 쉽게 접근할 수 있다. 그러나 기존 식물에는 얼마나 많은 양분이 필요한가? 기존 식물에 과잉 공급이 될 수 있다. 이로 인한 웃자람으로 질병에 걸리기 쉽고 개화가 잘 안되거나 너무 크게 자랄 수 있다. 일부 식물은 척박한 토양에서 잘 자라며 한련화와 대부분의 암석식물과 같이 꽃을 잘 피우려면 결핍되어야 한다. 토양의 종류는 큰 차이를 만든다. 예를 들어 모래가 많고 배수가 잘 되는 토양은 영양분이 풍부한 점토보다 더 많은 관리가 필요하다. 정원의 조건에 정말 적합하지 않은 식물을 선택한 경우 잘 자라도록 돕기 위해 더 장기적인 유지 관리가 필요하다.

보호

정원을 가꾸는 것은 식물을 돌보고 영양을 공급하는 일이지만, 잡초와의 경쟁, 해충과 병해, 극한의 날씨로부터 식물을 보호하는 일이기도 하다. 균형을 맞추면 자연이 당신을 위해 많은 일을 할 수 있지만 정원은 결코 완전한 자연이 될 수 없다. 최상의 결과는 자연에 대항하기보다는 자연과 협력하는 것이다.

잡초

잡초는 잘못된 곳에서 자라는 식물일 뿐이다. 그들은 적응력이 뛰어나고 강하게 자라며 주변에 씨를 퍼뜨리는 데 성공하지만 수 많은 재배식물도 마찬가지이다. 알스토메리아alstromaria 또는 크로코스미아crocosmia 와 같이 귀중한 정원식물은 작은 정원에 너무 침입적일 수 있으며 잡초로 분류될 수 있다.

그러면 어떤 것이 잡초이고 어떤 것이 정원 식물인지 어떻게 알 수 있는가? 정원에서 흔히 볼 수 있는 잡초의 종류는 거주지역과 생육 환경조건에 따라 다르다. 잡초가 잘 자라면 정원의 다른 식물도 잘 자란다.

식물 협회와 지역 가드닝 동호회는 지역에 특정

큰까치수염*Lysimachia clethroides*은 아름다운 다년생 초본이지만 일부 정원에서는 너무 왕성하게 자랄 수 있다.

한 정보를 공유하는 데 매우 유용하며 RHS는 훌륭한 지침 서비스를 제공한다. 인터넷은 알려지지 않은 식물을 식별하는 데에도 사용할 수 있다. W. Keble Marthin의 The Concise British Flora in Color와 같은 식물군은 새로운 정원사에게 필수적인 책이다.

잡초는 여러 가지 방법으로 정원에 들어올 수 있다. 가장 분명한 것은 바람에 날리거나 새가 옮기는 씨앗이지만 새로 도입된 식물의 토양에서도 많은 잡초가 나온다. 민들레를 뽑을 시간이 없다면 최소한 민들레 꽃을 제거하여 사방에 씨를 뿌리지 못하게 하라. 나무껍질이나 퇴비를 멀칭으로 덮어 맨땅과 새로 심은 지역에서 잡초 종자가 발아하는 것을 방지한다. 맨땅은 항상 제초가 필요하므로 식물이나 껍질 조각 또는 퇴비로 덮으라.

하지만 잡초가 없는 정원을 갖는 것에는 단점이 있다. 스스로 씨를 뿌린 식물이나 식물을 공짜로 얻을 수 없다는 것이다. 새로운 묘목은 잡초일 수도 있고 유용한 식물일 수도 있으며, 이것을 아는 데는 경험이 필요하다. 확실하지 않은 경우 묘목을 식별할 수 있는 크기로 키운 다음 잡초인 경우 뽑아낸다. 그것이 유용한 식물로 판명되면 그대로 두거나 옮기거나 화분에 심고 키운다

병충해

건강한 정원은 동물과 곤충을 유인하고 부양하여 자연적인 균형을 이루는 다양한 식물과 함께 좋은 생물 다양성을 갖게 된다. 화학 물질을 사용하면 이 균형이 깨지고 다른 문제가 발생할 수 있다. 대부분의 해충은 많은 새, 개구리 및 익충의 먹이가 된다. 훌륭한 정원사는 때때로 야생 동물이 정원을 뜯어먹을 수 있음을 참을성 있게 기꺼이 받아들인다. 건강하고 튼튼하게 자라는 식물은 열악한 재배 조건이나 노령으로 인해 손상되거나 약해진 식물보다 해충과 질병의 공격에 훨씬 더 잘 견딜 수 있어, 이 문제를 먼저 해결해야 한다. 정원을 정기적으로 관찰하고 모니터링하면 공격을 받고 있는 식물을 돕기 위해 조치를 취할지 아니면 자연을 그대로 두어 잘 버틸지 결정하는 데 도움이 된다.

극단적인 날씨

추위와 더위

극한의 날씨로부터 정원을 얼마나 보호해야 하는지는 위치에 따라 다르다. 위요된 도시 정원은 영국 동부 해안의 노출된 부지와 매우 다른 요구를 가질 것이다. 이 책 전체에서 언급한 바와 같이 식재가 정원의 정상적인 조건에 적합하다면 큰 문제는 없지만 극단적인 상황이 발생할 수 있다.

심한 서리가 내린 경우 비상시 원예용 양털을 사용하여 취약한 식물이나 내한성이 떨어지는 꽃봉오리를 보호할 수 있으며, 나무껍질 조각이나 짚으로 된 깊은 멀칭은 땅에서 뿌리가 얼지 않도록 도와준다. 무거운 눈은 쉽게 가지를 부러뜨릴 수 있으므로 가능하면 작은 나무와 관목에서 제거하라. 더 작은 식물은 눈의 단열층 아래에서 보호되므로 눈 속에 덮어 두어라. 땅이 얼거나 물에 잠긴 경우 잔디밭을 손상시킬 수 있으므로 잔디 위를 걷지 마라.

더위도 문제가 될 수 있지만 진달래와 동백나무와 같이 서늘하고 습한 조건을 선호하는 식물에만 실제로 영향을 미친다. 대부분의 식물은 매우 불량해 보이더라도 회복될 것이며 다시 땅을 멀칭하면 토양을 촉촉하게 유지하는 데 도움이 될 것이다.

강한 바람과 돌풍은 모든 정원에 막대한 피해를 줄 수 있으며, 해당 지역이 취약한 경우 나무 지주대와 식물 지지대를 최신 상태로 유지해야 한다. 일기 예보를 확인하는 데 주의를 기울이고 극단적인 기상 조건에 최대한 대비하라.

가뭄

잎이 떨어지는 것은 식물이 물 부족을 겪고 있다는 첫 번째 신호이다. 그런 다음 가장자리 주변이 갈색이 되거나 떨어질 수 있다. 심각한 가뭄에 대한 식물의 최선의 방어책은 모든 잎을 떨어뜨리는 것이지만 건강하고 잘 자란 식물은 회복할 수 있다. 빗물을 저장해 두었다면 물이 뿌리 깊숙이 들어가도록 급하게 물을 뿌리는 것보다 식물 바닥에 아주 천천히 흐르는 호스 파이프를 사용하라. 작은 용기화분에 있는 식물의 경우 화분이 무거워질 때까지 물 양동이에 화분을 담그고, 큰 화분 아래에는 물저장고 역할을 할 받침접시를 사용한다.

잘 자리 잡은 정원은 물을 거의 주지 않아도 되며 잔디는 가뭄으로부터 쉽게 회복된다.

멀칭은 수분 손실을 방지하므로 정원과 용기화분의 흙 위에 나무 껍질, 퇴비 또는 자갈을 사용하라. 용기에 몇 년 동안 있었던 식물은 뿌리가 꽉 찰 수 있다. 즉, 흙이 거의 남지 않고 뿌리만 남게 된다. 식물은 고군분투하기 시작할 것이므로 땅속에 심거나 새 퇴비와 함께 더 큰 용기화분에 심어라.

새로 식재된 땅에만 관수가 필요하며, 자리 잡은 식물은 환경조건에 적합한 식물인 경우 건조한 날씨에도 물을 주지 않고 관리해야 한다. (새로 식재된 정원 관리에 대한 정보는 8장 참조). 물을 적게 자주 주면 식물이 깊은 근계를 형성하는 것을 막아 가뭄을 견딜 수 없게 된다. 안정된 혼합식재 가장자리는 다년생 식물을 캐고, 쪼개서, 다시 심기 때문에 매년 새로운 식재를 할 수 있지만, 여름이 아닌 봄이나 가을에 이 작업을 수행하면 물을 최소한으로 유지할 수 있다. 저녁에 해가 진 후에만 물을 주면 토양이 수분을 흡수하고 증발을 방지할 수 있다.

때때로 식물이 질병이나 피해로 인해 스트레스를 받는 경우 원래의 건강 상태로 되돌리기 위해 추가적으로 물이 필요할 수 있다.

수돗물은 가격이 비싸고 생산하는 데 많은 에너지가 필요하므로 정원에 물을 주는 것은 사치스러운 일이지만 이제는 점점 더 받아들여지지 않게 되었다. 대안은 빗물을 저장하는 것이며 이제 정원의 크기에 상관없이 이를 수행할 수 있는 많은 방법이 있다. 세탁기와 욕조에서 나온 중수를 사용하는 것도 가능하지만 정원 오염을 방지하기 위해 올바르게 사용해야 한다.

영국에서는 기존 잔디밭에 물을 주는 것도 불필요하다. 가뭄이 발생하면 경제적이거나 환경적으로 건전하지도 않은 녹색을 유지하기 위해 비현실적인 양의 물이 필요할 것이다. 더운 여름에 잔디밭이 시들고 갈색으로 보일 수 있지만, 다른 모든 잔디밭도 마찬가지이며 첫 번째 반가운 소나기가 내리면 회복될 것이다. 정원의 다른 모든 나무와 마찬가지로 잔디를 잘 관리하면 가뭄을 이겨내는 데 도움이 된다.

분주

대부분의 다년생 식물은 성장 속도에 따라 3~4년 후에 캐내어, 나누고 다시 심어야 하며, 이는 식물이 더 많은 꽃을 피울 수 있는 새롭고 건강한 줄기를 만들도록 촉진한다. 이것은 일반적으로 그들이 나온 공간을 다시 채우는 데 필요한 것보다 더 많은 식물을 갖게 되며 잉여분은 정원의 다른 곳에서 사용하거나 나눠줄 수 있다. 굴취 및 분주 기술은 식물의 종류에 따라 다르며 좋은 참고서에서 이러한 정보를 얻을 수 있다.

전정

훌륭한 전정 기술은 성공적이고 장기적인 식재 디자인에 필수적이며, 모양을 유지하는 데 꼭 필요하다(6장에서 논의). 전정을 제대로 하지 않으면 모든 관목이 특성이나 우아함이 없고 종종 꽃이 없는 동일한 일반적인 덩어리 또는 빵 모양이 될 수 있다.

전정을 하는 주된 이유는 죽거나 병들거나 손상된 가지나 줄기를 제거하는 것이다. 이것은 대부분의 교목과 관목이 자랄 수 있는 충분한 공간을 제공하기 위해 필요한 모든 것이다. 전정이 필요한 경우 식물의 성장에 어떤 영향을 미치고 이루려는 것이 무엇인지 생각하는 것이 중요하다. 야생에서 모든 식물은 동물이든, 바람이든, 낙석이든, 언젠가는 피해를 입는다. 자연재해에 대처하기 위해 적응한 식물은 생존하고 계속 자랄 수 있다. 줄기나 가지를 자르면 치유 과정을 시작하는 화학 반응이 시작되며 식물이 반응하는 방식은 절단 위치에 따라 다르다.

이 'Elizabeth of Glamis'와 같은 다화성 장미는 정기적으로 데드 헤딩을 할 경우 여러 달 동안 계속 피어난다.

데드헤딩

데드헤딩 또는 색이 바랜 꽃을 제거하는 것도 전정의 한 형태이다. 시든 꽃을 제거하는 세 가지 이유가 있다. (1) 식물이 새로운 꽃을 피우도록 격려하고, (2) 식물이 원하지 않는 열매와 씨앗을 만드는 데 에너지를 쏟는 것을 방지하고, (3) 식물의 모양을 단정하게 유지한다. 지속적으로 매일 매일 해야 하는 일이다.

모양 변경

모든 식물은 자연적으로 빛을 향해 자라지만 본질적으로 대칭적으로 자라는 경향이 있으며, 이것이 우리가 전정을 할 때 달성하려고 하는 것이다. 식물이 이상한 모양으로 자랐다면, 전정을 하기 전에 그 이유를 자문해보라. 공간이 부족해서, 빛이 부족해서일까, 아니면 날씨나 동물에 의해 손상을 입었나? 이러한 경우 전정은 단기적인 해결책일 수 있다. 문제가 빛이나 공간 부족인 경우 식물을 이동하거나 교체해야 할 수 있다. 날씨나 동물에 의해 손상되면 문제가 다시 발생할 수 있으므로 예방 조치를 취하라. 식물의 모양을 바꿀 때 일반적으로는 교차하지 않거나 어색해 보이는 줄기나 가지가 없는 개방적이고 대칭적인 구조를 얻으려고 한다.

잘생긴 울타리와 토피어리는 모양을 유지하기 위해 정기적인 다듬기가 필요하다. 얼마나 자주 할지는 성장 조건과 식물의 종류에 따라 달라진다. 회양목과 주목은 1년에 두 번, 봄에 한 번, 한여름에 다시 가볍게 다듬을 수 있다. 전정을 하면 새로운 성장을 촉진할

열린 대칭 구조를 만들어라.

수 있다. 가을에 너무 늦게 상록 울타리나 토피어리를 자르지 마라. 겨울철 추위에 손상될 수 있다. 모양을 바꾸는 가장 좋은 시기는 새로운 성장이 멈춘 겨울이 끝날 때나 봄이 시작될 때이다. 큰 울타리는 고도의 유지관리 작업이 될 수 있으며 전문가의 도움이 필요한 경우 비용이 많이 들기 때문에 계획 단계에서 신중하게 고려해야 한다.

재생

대부분의 정원에는 새로운 계획에 포함될 일부 기존 관목이 있지만 이들은 오래되어 재생이 필요할 수 있다. 잘 자리를 잡은 대부분의 관목은 강전정을 함으로써 효과를 얻을 수 있으며, 오래된 줄기가 새롭고 더 강한 성장으로 바뀌지도록 유도한다. 가지나 줄기를 자르면 식물이 반응을 하고, 전정을 강하게 하면 식물이 더 힘차게 다시 자랄 수 있으므로 어떤 것을 원하는지 결정하라. 때때로 오래된 가지의 1/3만 제거하면 크기를 어느 정도 제어하면서 노후화된 오래된 관목에 새로운 생명력을 줄 수 있다.

감소

종종 우리는 대부분의 정원에서 식물이 허용된 공간 이상으로 자라기 때문에 전정을 한다. 식물의 형태를 유지하기 위해 몇 달에 한 번씩 열심히 전정을 해야 한다면 그것이 올바른 장소에 맞는 식물인지 자문해야 한다. 그 식물은 조만간 약해지고 확실히 꽃을 피우지 못할 것이다. 대부분의 건강한 관목은 1년에 한 두번 가벼운 전정을 견딜 수 있다.

시기

전정 시기는 종종 가장 일반적인 질문이며 대답은 식물의 유형과 달성하려는 목적에 따라 다르다. 개화와 결실을 개선하려고 하는가, 아니면 줄기와 잎의 성장을 증가시키려고 하는가, 아니면 두 가지 모두를 시도하는가?

꽃 피는 식물이 가장 혼란스러운 것 같다. 따라야 할 간단한 규칙 중 하나는 식물이 개화를 마친 후에만 전정을 하는 것이다.

언제 전정하는가?

- **봄 개화:** 봄에 꽃이 핀 직후 전정을 하라. 이 꽃은 지난 여름에 만든 줄기에 꽃눈이 생기기 때문이다.
- **여름 개화:** 이른 봄에 만든 줄기에 꽃눈이 생기기 때문에 여름에 개화 직후에 전정을 한다.
- **가을 개화:** 초여름에 만든 줄기에 꽃눈이 생기므로 서리의 위험이 지나가는 즉시 이듬해 봄에 전정을 한다.
- **겨울 개화:** 이전 여름과 가을에 자란 줄기에 꽃눈이 생기기 때문에 서리의 위험이 지나는 즉시 다음 봄에 가지치기를 한다.

겨울에 붉은 말채나무cornus 줄기

꽃이 피기 직전에 전정을 하면 꽃봉오리가 달린 줄기를 잘라버릴 수 있다. 개화 시기가 언제인지 확실하지 않은 경우 어떤 일이 일어나는지 기다렸다가 메모하거나, 식물 이름을 알고 있는 경우 참고 도서나 식물 라벨을 확인하라. 가을에 너무 늦게 전정을 하면 새싹이 돋아나 추위와 서리에 약해진다. 따라서 후쿠시아fuchsia와 수국hydrangea과 같은 늦가을에 꽃 피는 식물은 최악의 추운 날씨가 끝나는 이듬해 초봄까지 그대로 두어라.

휴면기에 있는 한 겨울 장미와 같은 일부 내한성이 높은 관목은 전정할 수 있다. 따라서 새로운 성장이 일어나지 않는 한겨울에 전정을 할 수 있지만 확실하지 않은 경우 봄까지 그대로 두라. 말채나무와 같이 매력적인 겨울 줄기를 위해 키우는 일부 식물은 새로운 나무에서 가장 좋은 색상을 나타내는 경향이 있으므로 새 줄기가 자라기 시작하는 봄에 모든 오래된 나무를 제거하여 이러한 식물을 촉진하라.

따뜻하게 보호된 곳에 있는 일부 식물은 개화를 멈추지 않으며, 그 공간을 넘어 자란 경우 전정에 가장 좋은 시기를 판단해야 한다. 열정의 꽃인 시계꽃*Passiflora caerulea* 및 마삭줄*Solanum jasminoides*과 같이 왕성한 덩굴식물은 이에 대한 좋은 예이며, 어느 시점에서 봄 또는 초여름에 꽃과 새싹이 있는 줄기를 제거해야 한다.

가지치기 방법

항상 올바른 도구를 사용하라. 가는 줄기에는 우회동작이 있는 날카롭고 좋은 품질의 전지가위를 사용하고 두꺼운 줄기에는 절단기 또는 손잡이가 긴 전지가위를 사용하라.

매우 두껍거나 질긴 가지에는 구부러진 전정 톱을 사용하고 울타리에는 가위를 사용하라. 너무 두꺼운

항상 바깥쪽을 향한 새싹 바로 위를 자른다.

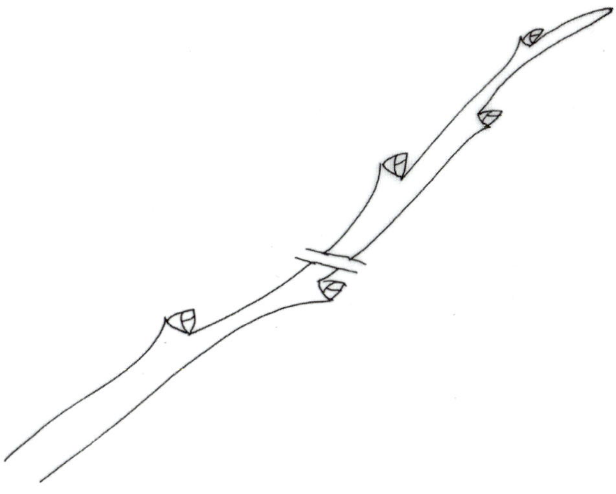

댕강나무abelia와 같은 일부 큰 관목은 단계적으로 줄어들고 활기를 되찾게 할 수 있다.

줄기를 전정하려고 하면 도구의 수명이 단축되고 어설픈 절단이 발생하여 가지마름병을 일으키거나 질병을 일으킬 수 있다.

일부 식물은 지면 가까이 잘라도 무난하게 다시 자랄 수 있지만 일부 식물은 너무 세게 자르면 죽거나 약해질 수 있다. 전정이 얼마나 어려운지 잘 모르겠다면 이 간단한 규칙을 따르라. 새로운 싹이 나오는 곳보다 더 깊게 자르지 말라. 예를 들어, 라벤더와 대부분의 내한성 허브는 오래된 목질에서 싹이 나오지 않을 수 있으므로 가볍게 손질해야 한다.

많은 관목은 단지 1~2년생 줄기에서 가장 잘 꽃을 피우며, 이는 전정 체계를 기본적으로 잡아준다. 매년 식물 아래에서 오래된 줄기를 제거하고 새 줄기가 자라서 이를 대체한다. 일부 오래되었거나 방치된 관목은 첫 해에 오래된 가지의 1/3을 제거하고, 두 번째 해에 또 다른 3분의 1을 제거하고 마지막 해에 나머지 3분의 1을 제거하여 단계적으로 새로운 수명을 부여할 수 있다. 이렇게 하면 한 번에 모든 줄기를 지면 가까이 잘라 전체 식물이 다시 자랄 때까지 기다리지 않고도 꽃을 즐길 수 있다.

덩굴식물과 벽걸이 관목

덩굴식물과 벽걸이 관목은 담쟁이덩굴이나 덩굴수국과 같이 스스로 달라붙는 식물이더라도 정원에서 가장 정기적인 관심이 필요하다.

그냥 내버려두면 이들은 사방에 줄기를 내 보내거

지지대를 타고 올라가는 장미

나 다루기 힘든 큰 덤불을 만들려고 할 것이다. 시간과 지식을 가지고 잘 정리된 덩굴식물은 나쁜 행동을 하는 깡패가 아니라 정원의 일부분이라는 주장이 되어야 한다. 등나무wisteria 또는 재스민jasmine과 같은 잘 자란 덩굴식물은 엄청난 속도로 자랄 수 있으며, 확인하지 않으면 배수관과 홈통을 당기거나 지붕 타일 아래로 들어가 재산에 심각한 피해를 줄 수 있다. 가시가 많은 줄기에 통제가 안된다면 무질서하게 뻗어 있는 장미는 파골라를 위험하게 만들 수 있다. 잘 정리된 덩굴식물은 더 나은 모습으로 더 많이 꽃을 피울 것이다. 예를 들어 등나무꽃은 얽힌 줄기와 잎에서 우왕좌왕 하지 않고 수평 가지에 꽃이 우아하게 매달려 있어야 한다.

덩굴식물

덩굴식물은 덩굴을 잘 오를 수 있도록 특별히 변형된 줄기를 가지고 있다. 야생에서 그들의 줄기는 꽃과 잎을 생산하는 빛에 도달하기 위해 나무 또는 큰 관목을 뒤덮는다. 아래쪽 줄기는 위쪽 성장을 지원하는 역할을 하기 때문에 잎이 없다. 덩굴식물이 울타리나 벽에 기대어 자랄 때 마치 나무인 것처럼 이 지지대를 다루며 꽃을 피울 꼭대기까지 기어 올라간다. 아래쪽 줄기는 보기 흉한 맨발의 '다리'가 되며, 이를 가리기 위해 앞에 다른 식물을 키울 공간이 필요하므로 식재 공간을 충분히 넓게 설계하는 것이 필수적이다.

덩굴식물의 등반을 가능하게 하기 위해 선택하는 다양한 방법이 있다. 인동덩굴과 클레마티스는 줄기와 잎자루로 감고, 수국과 담쟁이덩굴은 줄기를 따라 자라는 빨판 모양의 성장이나 기근에 의해 스스로 달라붙고, 장미는 가시를 갈고리로 사용하여 지지대를 잡는다. 많은 덩굴식물들이 완전히 무작위적인 방식으로 지지대 위로 줄기를 보내기 위해 바람에 의존하지만 주요 목표는 빛을 향해 자라는 것이다.

벽걸이 관목

피라칸사pyracantha 및 시어노서스ceanothus와 같은 벽걸이 관목은 종종 덩굴식물과 혼동되지만 이러한 관목을 땅에 심고 길들이지 않으면 큰 관목 또는 작은 나무가 될 것이다. 반면 지지대 옆에 심고 다듬어 지면 벽걸이 관목이 된다. 많은 관목이 이런 방식으로 유도될 수 있지만 이를 위해서는 정기적인 작업이 필요하다. 일부는 구조틀에 유도된 상태로 구입할 수 있다. 그런 경우 작업이 훨씬 쉬워진다. 벽걸이 관목은 품종에 따라 여전히 낮은 줄기에 잎과 꽃이 나오기 때문에 '맨발'을 가질 가능성이 적다. 그러나 어린 식물에서 유도된 경우에만 가능하다. 관례적으로 확실히 자리를 잡은 구조 틀을 가진 관목은 재유도하기 어려울 수 있다.

지지대에 붙여 유도하기 가장 쉬운 식물은 어릴 때 부드럽고 유연하며, 전정에 잘 반응하고 식물의 기부

무화과는 Great Dxter에서 벽걸이 관목으로 유인된다.

에서 새로운 줄기를 자유롭게 자라는 긴 줄기를 가진 식물이다.

덩굴식물 및 벽걸이 관목 유도하기

덩굴식물이나 벽걸이 관목을 처음 심고 영구적인 틀을 구축하는 데 약 3~5년이 걸리며 이 기간 동안 전정보다는 정기적으로 묶을 필요가 있다. 틀의 허용범위는 그것이 차지하고 있는 공간에 달려 있다. 공간이 제한되어 있으면 틀의 크기를 제한한다. 이에 대한 좋은 사례는 포도나무가 매년 한두 개의 주요 줄기로 다시 줄어들지만 여전히 많은 포도를 생산하는 포도원에서 볼 수 있다.

전정을 위해 매년 비계를 설치하지 않고도 쉽게 도달할 수 있는 높이로 틀의 높이를 제한하는 것도 좋은 아이디어다. 크기를 제한하지 않으면 배수관과 물받이통이 손상될 수 있다.

틀의 모양은 유도된 식물의 유형에 따라 다르지만 피는 꽃의 수에 큰 차이를 만들 수 있다. 예를 들어 장미의 경우, 줄기가 수직으로 자라도록 허용되면 위쪽에서만 꽃이 피게 된다. 수평으로 유도되면 길이를 따라 꽃 줄기를 내보내고 매년 그 꽃 줄기를 수평의 틀로 다시 자른다. 틀이 자리잡으면 2년마다 2~3개의 새로운 줄기가 이전 줄기를 대신하기 때문에 식물이 활기를 유지할 수 있다. 각 유형의 식물에 필요한 가지치기의 양을 아는 것은 난해할 수 있지만, 좋은 참고서나 전문 간행물이 정원에 있는 모든 다양한 식물에 필요한 지식을 얻는 데 도움이 될 것이다.

식물이 자라는 방식을 이해하면, 전정과 유도가 논

리적 상식에 불과하고 퍼즐을 푸는 것과 같다는 것을 알게 될 것이다. 방법을 알면 쉽다.

말뚝 및 지지대

야생 식물은 조건이 적합하고 충분한 공간이 있는 곳에서만 자란다. 정원에서 우리는 다양한 환경에서 식물을 함께 가져오고 종종 완벽하지 않은 조건에서 상황에 따라 잘 자라기를 기대한다. 게다가 우리는 그들이 멋지게 보이고 야생에서 자랄 수 있는 것보다 더 나은 기능을 발휘하기를 원하므로 때때로 말뚝과 지지대가 필요하다는 것은 당연한 것이다.

몇 가지 제안된 식물 지지대

대나무 막대 저렴하고 접시꽃이나 참제비고깔과 같은 키가 큰 단일 줄기에 유용하지만 보기 좋지 않다.

철재 기둥 강력하고 내구성이 뛰어나 긴급 상황에 유용하다.

기성 플라스틱 또는 금속 지지대 선택할 수 있는 것이 많고 금속이 플라스틱보다 오래 지속된다. 다양한 유형을 선택할 수 있으며 양질의 금속 지지대가 좋은 투자가 될 수 있다.

완두콩 가지 무료 또는 매우 저렴하고, 튼튼하며 한두 계절만 지속되므로 적합한 정기적 공급책을 찾으라.

전정된 관목 무료, 충분히 큰 크기와 수량으로 제공되는 경우 매우 효과적이다.

버들 잔가지 버드나무 또는 개암나무 잔가지는 특히 잔디 가장자리에 돌출된 식물의 경우 다양하고 쓸모있는 지지대를 만들기 위해 함께 짜서 묶을 수 있다.

금속 망 울타리나 벽의 지지 와이어에만 사용해야 하며 줄기를 자르는 식물 끈으로 사용해서는 안 된다.

천연 황마 식물 줄기를 묶는 데 가장 적합한 재료

이것은 특히 식물이 빛을 놓고 경쟁하기 위해 더 길고 부드러운 줄기를 내는 작은 정원에서 정말 필요하다. 잘 계획된 혼합식재의 장점은 튼튼한 관목이 줄기가 부드러운 다년생 식물과 기타 식물을 지탱할 수 있어 말뚝을 사용할 필요성을 줄일 수 있다는 것이다. 그러나 식물 지지대를 시기적절하게 사용하면 줄기가 부러지고 꽃이 처지는 것을 걱정하지 않고 최고조에 있는 식물을 즐길 수 있기에 큰 차이를 만들 수 있다.

다양한 유형의 식물 지지대가 있다. 어떤 것은 비싸고 일부는 무료이다. 사용하는 것은 개인 취향과 예산에 따라 다르다. 어떤 유형을 사용하든 중요한 측면은 시기이다. 일단 식물이 바람에 쓰러지면 구조하기에는 너무 늦었을 것이다. 식물 지지대를 미리 설치하면 식물이 자라면서 잎사귀에 가려져 보이지 않는다. 이러한 종류의 유지 관리가 완벽하게 수행되는 내셔널 트러스트 및 RHS 정원을 방문하는 것은 식물을 올바르게 지지대를 설치하는 방법을 배우는 훌륭한 방안이다. 초본 다년생 식물이 막 보이기 시작하는 초봄에는 식물이 필요로 하기 전에 다양한 방법이 사용되는 것을 볼 수 있다.

용기화분 관리

용기화분에 식물을 재배하려면 설계 및 조건에 적합한 식물을 선택하는 점에서 땅에서 식물을 재배하는 것과 동일한 이론이 필요하다. 그러나 식물을 장기적으로 건강하게 유지하려면 약간의 추가 작업이 필요하다. 그들은 더 짧은 뿌리 길이와 더 적은 토양을 가질 것이므로 그들을 유지하기 위해 화분 안에 있는 것에 전적으로 의존한다.

정원의 흙을 직접 용기화분에 사용하지 마라. 그 한 가지 이유에는 미생물의 균형이 교란되고, 토양의 해충과 질병이 식물의 건강에 영향을 미칠 수 있다. 가능하면 멸균되고 오염이 없는 신선한 화분용

백합은 눈에 거슬리지 않는 검은색 플라스틱 화분에서 자랄 수 있으며 꽃이 피었을 때 가장자리에 배치하여 색과 향기를 더할 수 있다.

초본 다년생 식물에 대한 지지대는 살아있는 완두콩 줄기로 만들어졌으며, 이는 땅에 박아 식물 주위를 엮는다.

퇴비를 사용하라. 씨앗을 발아시키는 것이든 꺾꽂이를 하는 것이든 무엇을 재배하느냐에 따라 다양한 종류가 있지만 용기에 영구적으로 심기 위해서는 양토 기반의 John Innes 공식 퇴비를 권장한다.

식물이 두 시즌 이상 용기화분에서 잘 자라려면 매년 퇴비를 보충해야 한다. 토양의 윗부분 5-10cm를 긁어내고 지효성 비료와 함께 질 좋은 화분용 퇴비로 대체하면 된다. 이를 수행하기에 가장 좋은 시기는 겨울이 지나고 식물이 다시 살아나는 봄이다. 퇴비를 자갈이나 나무껍질 조각으로 덮으면 잡초 종자 발아를 방지하고 용기가 건조되는 위험을 줄일 수 있다.

땅에서보다 용기화분에서 배수를 제어하는 것이 훨씬 쉽다. 축축한 퇴비를 필요로 하는 식물을 재배하는 경우, 저수지 역할을 할 접시를 그 아래에 놓아라. 식물이 건조한 것을 좋아하면 용기를 들어 올려라. 어느 쪽이든 물은 항상 배수될 수 있어야 하며 그렇지 않으면 정체되어 식물이 죽을 것이다.

잘 고안되고 관리된 용기화분은 계절적이든 장기적이든 관계없이 모든 식재 디자인에 큰 자산이 될 수 있다. 용기화분 자체가 매우 장식적인 경우 심기를 단순하게 유지하거나 그 효과가 압도적일 수 있다. 또는 용기화분이 매우 단순하면 식재가 원하는 만큼 풍성하고 정교해질 수 있으며 화분은 전혀 보이지 않는다. 용기화분은 장기적 계획에 영향을 주지 않고 실험적이거나 정원에서 재배 조건의 범위를 확장하는 데 사용할 수 있다. 용기화분은 아무 것도 없었던 곳에 식재공간을 제공하거나 어떤 식재 계획에도 환영받는 계절 색상과 질감을 추가할 수 있다.

OPPOSITE PAGE: 식물 재배에 대한 열정이 정원에 대한 애정과 합쳐지면 아름다운 정원이 탄생할 수 있다. 그리고 디자인에 대한 열정이 식물 및 정원 가꾸기에 대한 애정과 결합될 때 놀라운 결과를 얻을 수 있다.

역자소개

역자 주진희

충북대학교(학사)와 상명대학교(석·박사)에서 원예와 환경조경을 전공하고, 2013년부터 건국대학교 녹색기술융합학과에서 재직 중으로, '녹색식물 환경조절 및 정원디자인' 관련 연구와 강의를 하고 있습니다. 청주시 공공건축가로서 '조경 및 건축물 입체녹화' 분야를 담당하고 있으며, 충청북도 2050탄소중립 녹색성장위원회, 충청북도 도시계획위원회, 청주시 건축위원회, 충주시 경관위원회 등 지자체-대학 협력을 기반으로 한 지역발전 생태계가 조성되도록 지역혁신을 위해 활동하고 있습니다.

"이 저서는 2021년도 건국대학교 저역서발간연구비 지원에 의한 결과임"

정원식물과 식재 디자인

초판인쇄 | 2024년 10월 15일
초판발행 | 2024년 10월 31일
역　　자 | 주진희
발 행 인 | 이성범
발 행 처 | 문운당
주　　소 | 서울시 종로구 혜화로5길 16(명륜1가 45-3)
전　　화 | (02)762-6010
팩　　스 | 영업 (02)745-0265 / 편집 02)762-8758
이 메 일 | 영업 munun2@daum.net
편집 munundang@naver.com
홈페이지 | http://munundang.co.kr

ISBN 979-11-5692-670-2 93520

정가 20,000원